電子情報通信レクチャーシリーズ B-13

電磁気計測

電子情報通信学会◉編

岩﨑　俊 著

コロナ社

▶電子情報通信学会 教科書委員会 企画委員会◀

◉委員長	原　島　　博	（東京大学教授）
◉幹事（五十音順）	石　塚　　満	（東京大学教授）
	大　石　進　一	（早稲田大学教授）
	中　川　正　雄	（慶應義塾大学教授）
	古　屋　一　仁	（東京工業大学教授）

▶電子情報通信学会 教科書委員会◀

◉委員長	辻　井　重　男	（中央大学教授 東京工業大学名誉教授）
◉副委員長	長　尾　　眞	（京都大学総長）
	神　谷　武　志	（大学評価・学位授与機構 東京大学名誉教授）
◉幹事長兼企画委員長	原　島　　博	（東京大学教授）
◉幹事（五十音順）	石　塚　　満	（東京大学教授）
	大　石　進　一	（早稲田大学教授）
	中　川　正　雄	（慶應義塾大学教授）
	古　屋　一　仁	（東京工業大学教授）
◉委員	122名	

（2002年3月現在）

刊行のことば

新世紀の開幕を控えた1990年代，本学会が対象とする学問と技術の広がりと奥行きは飛躍的に拡大し，電子情報通信技術とほぼ同義語としての“IT”が連日，新聞紙面を賑わすようになった．

いわゆるIT革命に対する感度は人により様々であるとしても，ITが経済，行政，教育，文化，医療，福祉，環境など社会全般のインフラストラクチャとなり，グローバルなスケールで文明の構造と人々の心のありさまを変えつつあることは間違いない．

また，政府がITと並ぶ科学技術政策の重点として掲げるナノテクノロジーやバイオテクノロジーも本学会が直接，あるいは間接に対象とするフロンティアである．例えば工学にとって，これまで教養的色彩の強かった量子力学は，今やナノテクノロジーや量子コンピュータの研究開発に不可欠な実学的手法となった．

こうした技術と人間・社会とのかかわりの深まりや学術の広がりを踏まえて，本学会は1999年，教科書委員会を発足させ，約2年間をかけて新しい教科書シリーズの構想を練り，高専，大学学部学生，及び大学院学生を主な対象として，共通，基礎，基盤，展開の諸段階からなる60余冊の教科書を刊行することとした．

分野の広がりに加えて，ビジュアルな説明に重点をおいて理解を深めるよう配慮したのも本シリーズの特長である．しかし，受身的な読み方だけでは，書かれた内容を活用することはできない．“分かる”とは，自分なりの論理で対象を再構築することである．研究開発の将来を担う学生諸君には是非そのような積極的な読み方をしていただきたい．

さて，IT社会が目指す人類の普遍的価値は何かと改めて問われれば，それは，安定性とのバランスが保たれる中での自由の拡大ではないだろうか．

哲学者ヘーゲルは，“世界史とは，人間の自由の意識の進歩のことであり，…その進歩の必然性を我々は認識しなければならない”と歴史哲学講義で述べている．“自由”には利便性の向上や自己決定・選択幅の拡大など多様な意味が込められよう．電子情報通信技術による自由の拡大は，様々な矛盾や相克あるいは摩擦を引き起こすことも事実であるが，それらのマイナス面を最小化しつつ，我々はヘーゲルの時代的，地域的制約を超えて，人々の幸福感を高めるような自由の拡大を目指したいものである．

学生諸君が，そのような夢と気概をもって勉学し，将来，各自の才能を十分に発揮して活躍していただくための知的資産として本教科書シリーズが役立つことを執筆者らと共に願っている．

なお，昭和55年以来発刊してきた電子情報通信学会大学シリーズも，現代的価値を持ち続けているので，本シリーズとあわせ，利用していただければ幸いである．

終わりに本シリーズの発刊にご協力いただいた多くの方々に深い感謝の意を表しておきたい．

2002年3月

電子情報通信学会 教科書委員会
委員長　辻　井　重　男

ま え が き

大学・高専の電気・電子系の学科においては，電磁気学及び電気回路が専門科目における重要な柱である．これらの科目では，電圧，電流，インピーダンス，電界，磁界など種々の電気に関連した量（電磁気量）が取り扱われ，回路や空間におけるそれらの量の計算方法を学ぶ．そこで対象となる回路構成や物質構造はいわば理想的なモデルである．現実に存在する回路や空間を理想的なモデルに置き換えて計算を行った場合，その計算が妥当か否かを確認するためには，測定を行う必要がある．電磁気量に関する測定の方法論が電磁気計測である．この意味で，電磁気計測は，電磁気学及び電気回路と表裏一体をなす基礎科目であるといえる．

また，電磁気量の測定は，種々の製品の設計・開発，点検・修理などにおいて不可欠であり，電磁気計測は産業に必要な「信頼できる測定」に役立つ実学の基礎を与える．これから企業に入っていく学生諸君にとって学んでおく必要のある科目である．

電気分野に限らず，一般に計測の中心的な課題は誤差である．なぜなら，要求される測定精度から考えて，はるかに大きな誤差が存在するとその測定は意味を失ってしまうからである．本書では，電磁気量の測定原理と具体的な測定方法と共に，基本的な量に関する測定誤差について，できるだけ系統的に説明することを試みた．このため，測定方法や機器を網羅的に記述することは避け，誤差の評価を理解するための素材を重点的に取り上げた．ただし，電磁気学及び電気回路のような完全な系統性を維持して記述することは困難であり，高校物理程度の電気の知識がある読者を対象とした．

本書により，自然を把握し記述するための基礎的な体系と，産業において活用される方法論という二面を持つ電磁気計測の魅力を学生諸君が理解してくれることを期待している．

2002 年 8 月

岩　﨑　　俊

目　　　次

1. 計 測 の 基 礎

1.1　測定と計測 …… 2

1.1.1　計測の目的と意義 …… 2

談話室　測定結果と計算結果 …… 3

1.1.2　計測系の基本的な構造 …… 4

1.2　測定法の分類 …… 5

1.2.1　直接測定と間接測定 …… 5

1.2.2　偏位法と零位法 …… 7

1.3　誤差と統計処理 …… 8

1.3.1　単位と真の値 …… 8

1.3.2　偶然誤差と系統誤差 …… 10

1.3.3　統 計 処 理 …… 10

1.3.4　間接測定における誤差 …… 13

1.3.5　測定値の質の表現 …… 14

本章のまとめ …… 15

理解度の確認 …… 16

2. 単 位 と 標 準

2.1　単　位　系 …… 18

2.1.1　単位系の基礎 …… 18

2.1.2　SI　単　位 …… 21

談話室　SI 単位の表記法 …… 25

2.2　計 測 標 準 …… 26

2.2.1　基本単位の標準 …… 26

2.2.2　量子電気標準 …… 28

談話室　真の値 ………… 31
2.2.3　校正とトレーサビリティー ………… 31
談話室　キログラムの標準 ………… 32
本章のまとめ ………… 33
理解度の確認 ………… 34

3.　直流電圧・直流電流・直流電力の測定

3.1　計 測 機 器 ………… 36
3.1.1　アナログ指示計器 ………… 36
3.1.2　アナログ電子電圧・電流計 ………… 43
3.1.3　ディジタル電圧計・ディジタル電流計 ………… 45
3.1.4　電圧の標準器 ………… 46
3.2　測定法と測定系 ………… 48
3.2.1　電流の測定 ………… 48
談話室　テブナンの定理を用いた等価電圧源の計算法 ………… 49
3.2.2　電圧・電位差の測定 ………… 52
3.2.3　電力の測定 ………… 53
本章のまとめ ………… 55
理解度の確認 ………… 56

4.　抵 抗 の 測 定

4.1　抵　抗　器 ………… 58
4.1.1　抵抗とコンダクタンス ………… 58
談話室　温度センサ ………… 61
4.1.2　抵抗器の種類 ………… 61
4.1.3　標準抵抗器 ………… 62
4.2　測定法と測定系 ………… 64
4.2.1　電圧電流計法 ………… 64
4.2.2　直読形抵抗計 ………… 66
4.2.3　低抵抗の測定 ………… 69

4.2.4　高抵抗の測定 …… 70
4.2.5　面抵抗の測定 …… 72
本章のまとめ …… 73
理解度の確認 …… 74

5.　交流電圧・交流電流・交流電力の測定

5.1　測　定　量 …… 76
5.1.1　交流電圧・交流電流 …… 76
5.1.2　交 流 電 力 …… 78
5.2　計測機器と測定法 …… 79
5.2.1　整流形計器 …… 79
談話室　交流測定における負荷効果 …… 81
5.2.2　熱電形交流電流計 …… 83
談話室　熱電対 …… 84
5.2.3　電流力計形計器，その他の交流アナログ指示計器 …… 84
5.2.4　三電圧計・三電流計法 …… 86
5.2.5　誘導形電力量計 …… 88
本章のまとめ …… 89
理解度の確認 …… 90

6.　インピーダンスの測定

6.1　インピーダンス …… 92
6.1.1　インピーダンスとアドミタンス …… 92
6.1.2　抵抗，コイル，コンデンサとそれらの回路モデル …… 94
6.1.3　リアクタンス素子の損失の表示 …… 98
談話室　集中定数回路と分布定数回路 …… 98
6.2　計測機器と測定法 …… 99
6.2.1　交流ブリッジ …… 99
6.2.2　Q メ ー タ …… 101
6.2.3　位相測定を用いた電圧電流計法 …… 103

6.2.4 *LCR* メータ …… *105*
本章のまとめ …… *107*
理解度の確認 …… *108*

7. 波形計測，周波数の測定

7.1 波形計測 …… *110*
7.1.1 記録計 …… *110*
7.1.2 オシロスコープ …… *111*
7.1.3 オシロスコープによる波形パラメータの測定 …… *113*
7.2 周波数の測定 …… *115*
7.2.1 周波数カウンタ …… *115*
7.2.2 ウィーンブリッジと *LC* 共振周波数計 …… *117*
7.2.3 周波数の校正 …… *118*
談話室 リサジューの図形 …… *121*
本章のまとめ …… *121*
理解度の確認 …… *122*

8. 磁気に関する測定

8.1 静磁界と磁束の測定 …… *124*
8.1.1 磁界と磁束，磁束密度 …… *124*
談話室 磁界の強さ …… *125*
8.1.2 探りコイル法 …… *126*
8.1.3 ホール素子を用いた測定 …… *127*
8.1.4 磁気変調器による測定 …… *129*
8.1.5 SQUIDによる測定 …… *130*
8.2 磁性材料の磁気特性に関する測定 …… *131*
8.2.1 磁化曲線 …… *132*
8.2.2 磁化特性の測定 …… *133*
本章のまとめ …… *134*
理解度の確認 …… *134*

9. 電磁界の測定

9.1　電　磁　界 …… 136

9.1.1　平　面　波 …… 136

9.1.2　近傍界と遠方界 …… 138

9.2　電界強度の測定 …… 141

9.2.1　ダイポールアンテナとその受信特性 …… 141

談話室　単位のデシベル表示 …… 144

9.2.2　アンテナ係数の測定法 …… 145

9.3　磁界強度の測定 …… 146

9.3.1　微小ループアンテナ …… 146

9.3.2　一般的なループアンテナの特性 …… 148

本章のまとめ …… 149

理解度の確認 …… 150

10. 光　計　測

10.1　レーザパワーの測定 …… 152

10.1.1　熱 変 換 法 …… 152

10.1.2　光電変換法 …… 153

10.2　波長・周波数の測定 …… 155

10.2.1　波長の測定・スペクトルの観測 …… 156

10.2.2　光周波数の測定 …… 158

本章のまとめ …… 159

理解度の確認 …… 159

引用・参考文献 …… 160

理解度の確認；解説 …… 161

索　　　引 …… 165

1 計測の基礎

計測においては，単位，標準，誤差，精度など様々な用語が使われる．それらの用語が使われる前に，それぞれの意味を明確にしておかなければ，異なった解釈がなされる可能性がある．例えば，計測と似た用語に測定がある．計測と測定は一般にはあまり区別されていないが，それらの違いを理解しておく必要がある．また，測定量と測定値も似た言葉であるが，全く違った意味を持つ．本章では，計測において使われる用語や，測定方法の種類，統計処理と誤差評価など，電磁気に関連した量だけではなく，すべての物理量の測定において基礎となる事項を学ぶ．

1.1 測定と計測

計測の目的はどのようなことであろうか．その意義は何であり，なぜ必要なのだろうか．どのような基本構成を持っているのか．測定と計測という二つの用語は，どのように区別して使えばよいのか．最初のステップとして，これらの基本的なことを考えてみよう．

1.1.1 計測の目的と意義

計測の目的は，情報を抽出し，それを客観的に表示することである．情報を客観的に表示するためは，定量化しなければならず，このために**測定**（measurement）という行為が行われる．測定を行うための方法論が**計測**（instrumentation）である．カッコ内の英語は学術用語集（電気工学編 増訂 2 版）によるものであるが，「計測」の内容は measurement science，あるいは metrology に近い．

自然科学の進歩には，計測が重要な役割を果たしている．**図 1.1** のように，自然現象を観測し，そのような現象が起こるメカニズムを考えて仮説を立てる．その仮説が正しいかどうか実験を行い，仮説と矛盾すれば別の仮説を考える．実験が仮説を裏付ければ，法則が成立する可能性がある．これらの実験は多くの場合，情報の定量的な抽出，すなわち測定である．一方，自然科学の進歩が新しい計測技術を生み出し，従来は不可能であった量の測定が可能になり，それがまた自然科学の進歩を加速してきた．

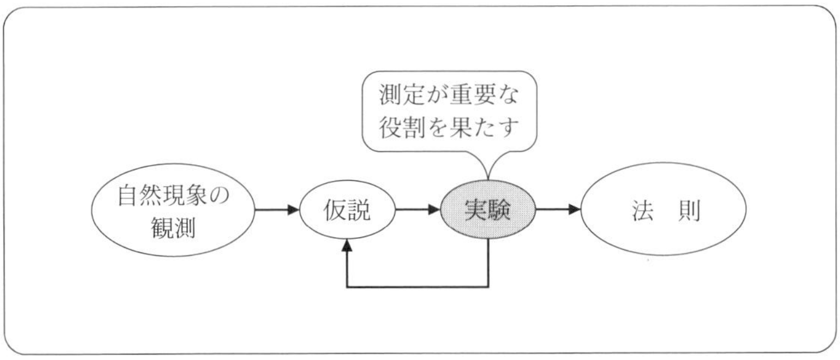

図 1.1　自然科学における実験

産業においても，**図1.2**のように，製品を設計・試作したあとでは，必要な性能を満足しているかどうかを試験によって確認する．問題があれば，設計の変更や再試作が行われる．何らかの機器を運用する場合も，定期的な点検が行われ，故障していれば修理され，正常に復帰したかどうか検査される．これらの試験や検査も多くは測定である．

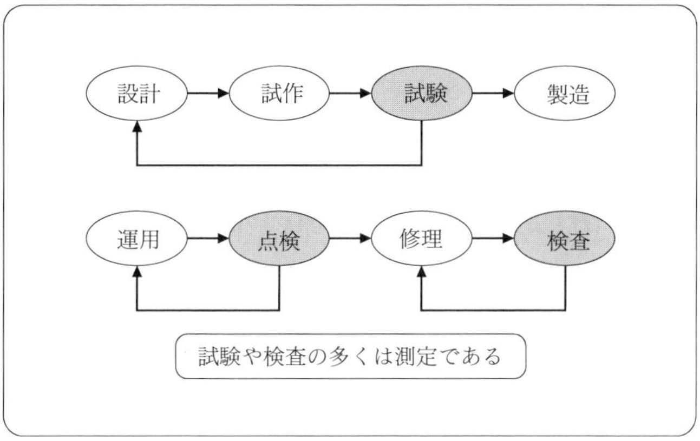

図1.2　産業における試験や検査

談　話　室

測定結果と計算結果　電気回路の授業では，**図1.3**のような抵抗 R とコンデンサ C で構成された RC 回路の過渡現象について学習する．直流起電力 E に接続されたスイッチSを閉じたのち，回路に流れる電流 $i(t)$ は微分方程式を解くことにより計算される．しかし，実際に回路を組み立て，電流を測定すると，計算によって求めた結果とは異なった電流が測定される．この原因として，例えば，現実の回路の配線はインダクタンスを持っていることなどが考えられる．いま，われわれが知りたい電流は，実際に組み立てた回路の電流だとすれば，図1.3の回路に対する計算はあくまで理想的な回路

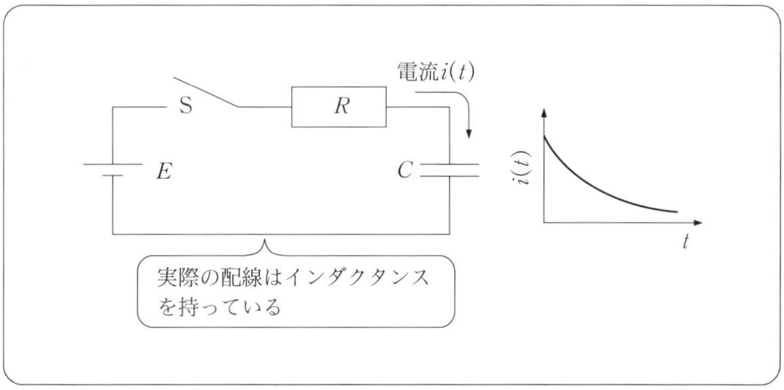

図1.3　*RC* 回路における過渡電流

に対するもので，不十分だということになる．

一方，測定結果も誤差を持っており，実際の電流に関して，測定結果と計算結果のどちらが正確であるのかを一概に断定することはできない．そこで，計算結果と測定結果が両方の誤差の範囲内で一致し，両方の結果が信頼できることを確認することは大きな意味がある．それ以後，計算によって，異なった回路パラメータに対する電流の予測が可能になるからである．

1.1.2　計測系の基本的な構造

人間の感覚機能では，定量的な情報の取得を行うことは困難であり，特に電磁気に関連した量（以下，電磁気量と呼ぶ）の測定には**検出器**（detector）や**センサ**（sensor）が必要不可欠である．検出器，センサのほかに，トランスデューサ（transducer）という用語が使われることもあるが，これらの用語は厳密な使い分けがなされているわけではない．

図 1.4 にセンサを用いた計測系の基本構成を示す．まず，測定すべき量（measurand，**測定量**あるいは**被測定量**と呼ばれる）をセンサにより，電圧や電流など取り扱いやすい電気的な量に変換する．センサが理想的とみなせる性能を持っていればよいが，多くの場合，非線形性などの不完全な特性を持っている．また通常，検出過程で**雑音**（noise，**ノイズ**）が混入する．更に，測定量やセンサの周囲の環境（以下，測定環境と呼ぶ）が無視できない程度に変動することもある．これらの望ましくない影響を取り除くために，**データ処理**（data processing）が行われ，確定した結果が**測定値**（measured value）として表示される．データ処理は，センサの特性や理論的近似の**補正**（correction）などであるが，**平均値**（mean value）の算出などの統計的な処理も，もちろん重要なデータ処理である．このとき，センサからの連続的な**アナログ**（analog）信号を離散的な**ディジタル**（digital）信号に変換し，コンピュータなどを用いて行うデータ処理を，**ディジタル信号処理**（digital sig-

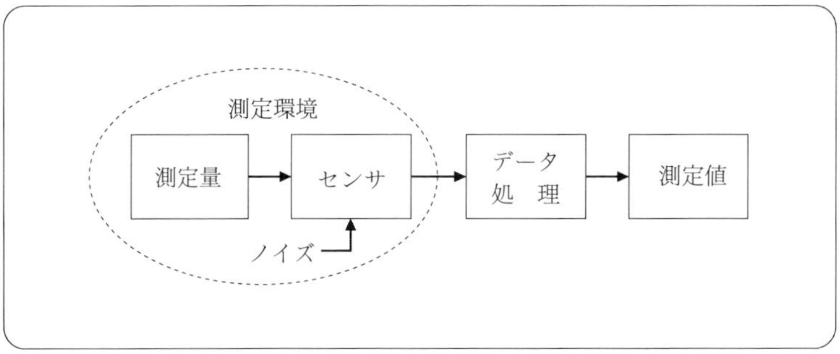

図 1.4　計測系の基本構成

nal processing：DSP）という．

電気関連量の測定では，センサと増幅器などの電子回路，データ処理部，表示装置などを一体化した機器を**測定器**（measuring device）あるいは**計測器**（measuring instrument）という．長さを測るためのノギスや，質量を測るための天秤（びん），電流計など比較的小形の装置を測定器と呼び，これらに2.2節で述べる標準器や表示装置などすべての計測用の機器を付け加えたものを計測器と呼ぶ場合もあるが，一般には測定器と計測器という用語はあまり区別して用いられてはいない．**計測システム**（measurement system）は，データ処理のソフトウェアなどを含んだ非常に広い意味を持つ用語であるが，複数の計測用機器を組み合わせて構成されたハードウェアとソフトウェア全体を指すことが多い．

1.2 測定法の分類

計測システムは当然，個々の測定量によって異なるが，測定に用いられる手法に関しては，直接測定と間接測定に分類することができる．また，別の観点から測定法を考えると，偏位法と零位法に大きく分けられる．これらの測定法について学習しよう．

1.2.1 直接測定と間接測定

測定量を，それと同じ種類の値の分かった**基準量**（reference）と比較して測定する方法を**直接測定**（direct measurement）という．例えば，長さを物差しで測ること，質量（目方）を天秤で量ることなどは直接測定を行っていることになる．電気に関連した量の測定では，**図1.5**に示す**ホイートストンブリッジ**（Wheatstone bridge）による電気抵抗の測定が代表的な例である．なお，本書では以下，特に必要がない限り，電気抵抗を単に抵抗と呼ぶ．

いま，測定すべき抵抗はR_Xであるものとする．この回路では，四辺の抵抗の間に式(1.1)のような関係があれば**検流計**（galvanometer，高感度の電流計）Gの両端の電位差が0，すなわち流れる電流も0となる．つまり検流計には電流が流れないので指針は振れない．

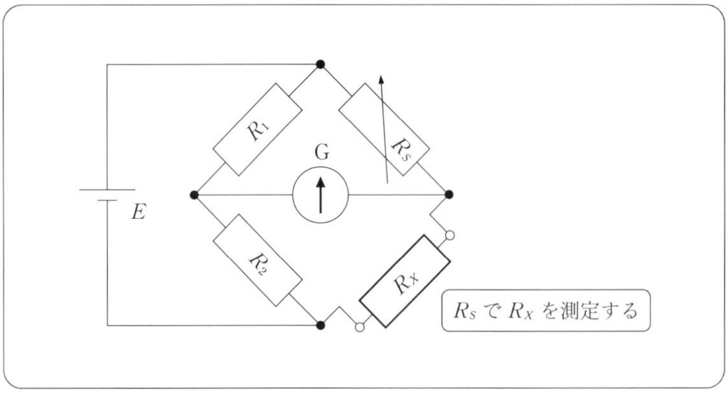

図 1.5　ホイートストンブリッジによる抵抗の直接測定

$$R_X = \frac{R_2}{R_1}R_S \tag{1.1}$$

R_1 と R_2 の辺を比例辺（ratio arm）という．例えば，比例辺の抵抗を $R_1 = R_2$ となるように選び，既知の値を持つ抵抗 R_S を変化させると，$R_X = R_S$ のとき検流計の指針の振れが 0 となるから，R_S の値から R_X の値を読み取ることができる．このように，既知の値を持つ基準となる抵抗を変化させて検流計の指針の振れを 0 とすることを，「ホイートストンブリッジを平衡させる」または「ホイートストンブリッジのバランスをとる」という．

一方，**間接測定**（indirect measurement）とは，測定量と一定の関係がある複数の量を測定して，それらの量と測定量との間の関係式から計算する方法である．例として，直接測定の例に対応して，抵抗の測定を考える．**図 1.6** に示すように，抵抗 R を流れる電流 I と両端の電圧 V を測定して

$$R = \frac{V}{I} \tag{1.2}$$

の関係式から計算する方法が間接測定の最も簡単な例である．間接測定において，最初に測定する複数の量と最終的に求めたい測定量との関係を表すような式(1.2)を，**測定方程式**あるいは**計測方程式**ということがある．

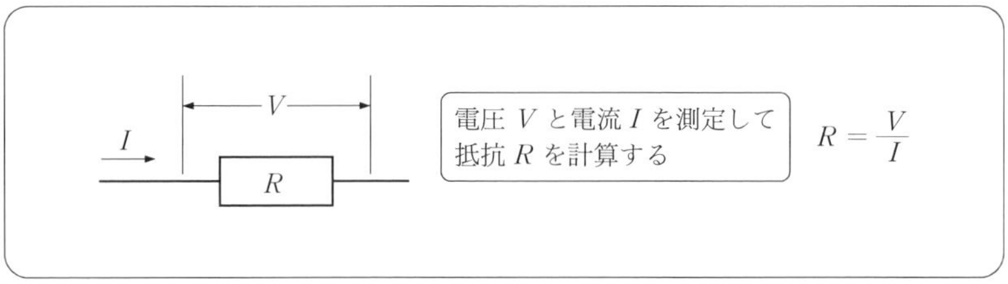

図 1.6　電圧と電流の測定による抵抗の間接測定

1.2.2 偏位法と零位法

偏位法（deflection method）とは，測定量と比例的あるいはそれに類する関係がある値を指示する測定器を用いる測定法である．図1.6に示した回路で抵抗 R を測定する場合，常に一定の電流 I が流れるようにし，抵抗の両端に電圧計を接続すれば，電圧計の指示値 V は抵抗値に比例する．偏位法における指示値は，測定量に完全に比例しなくともよいし，逆に反比例的な応答であってもかまわない．例えば，図1.6で抵抗の両端の電圧を一定に保ち，電流計で電流を測定する．このとき，指示値は抵抗に反比例するが，適切な目盛をつければ，抵抗値を直読することができる．

零位法（null-method または zero method）とは，大きさが既知の基準とする量の大きさを変化させ，測定器の指示値を0とすることによって測定する方法である．例えば，図1.5に示したホイートストンブリッジは代表的な零位法による測定である．一般に，零位法では，偏位法よりも高感度な測定が実現できる．その理由は，調整によって差の検出値が0に接近すれば，**図1.7**のように，検出系に二つの入力電圧の差を増幅する差動増幅器を用い，その利得（gain，ゲイン）を上げることができるからである．更に零位法では，測定量と基準とする量の差が0となるように調整するわけであるから，結果によって作用を調整するという**フィードバック**（feedback，帰還）機構が含まれている．このフィードバックによる0調整は，必ずしも人間が行う必要はなく，図1.7に示したように，電子回路によって自動的に平衡をとることもできる．フィードバックの操作には，平衡調整のほか，検出系の感度調整も含まれる．

偏位法と零位法の中間的な方法に，**補償法**（compensation method）がある．この方法

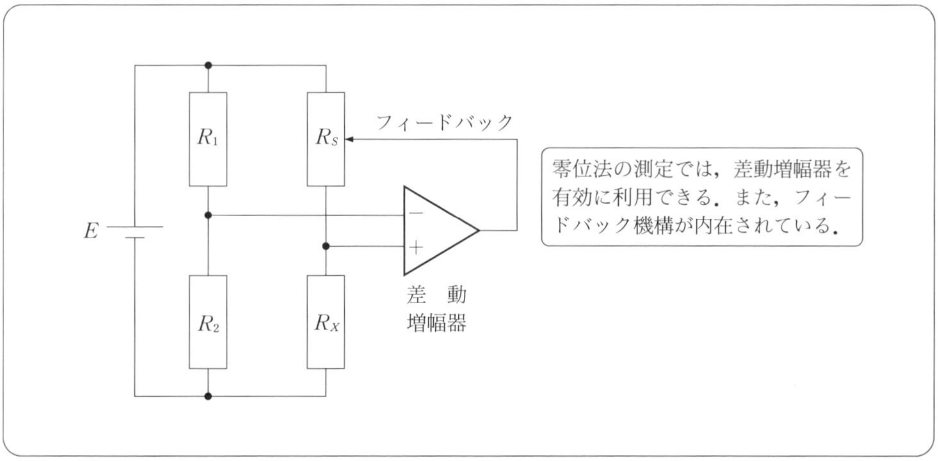

図1.7　ホイートストンブリッジにおける増幅とフィードバック

では，基準とする量の大きさを変えて，平衡に近い状態を作る．完全な平衡状態からのずれは偏位法によって測定する．ホイートストンブリッジを例にとれば，ある程度平衡をとったのち，検流計の指示値によって平衡状態からのずれを測定し，そのときの基準抵抗の値と平衡状態からのずれから被測定抵抗の値を求める．零位法のように，基準とする量の大きさを細かく調整する必要がないという利点がある．

1.3 誤差と統計処理

誤差の評価は計測の中心的なテーマである．測定は何らかの目的を達成するために行われるが，必要とする精度から考えてはるかに大きな誤差が存在すると，その測定は意味を失ってしまう．本節では，測定における誤差とその表現方法について学ぼう．

1.3.1 単位と真の値

単位（unit）とは，測定において基準となる量である．例えば，抵抗の単位は現在では，1オーム（Ω）が最も広く用いられている．通常，1オームの1は省略され，「抵抗の単位はオームである」などと表現される．単位を実際に具体化したものが**標準**（standard）である．日本工業規格（JIS）など各種の工業規格および規格に規定された測定・試験方法も「標準」と呼ばれることがあるので，これと区別する必要がある場合には，**測定標準**（measurement standard）あるいは**計測標準**と呼ばれる．

標準には，単位の定義に基づいて構成した大規模なシステムから，**標準抵抗器**（standard resistor）や**標準電池**（standard cell）など，実際の測定に使用されるものまでいくつかの段階がある．標準抵抗器や標準電池など単体の比較的小規模なハードウェアは，「**標準器**」と呼ばれるが，英語ではいずれも standard と呼ばれ，区別されてはいない．

測定値は式(1.3)で表される．

$$\text{測定値} = \text{倍数} \times \text{単位} \tag{1.3}$$

すなわち，単位の何倍であるかを表示している．ただし，客観的な情報の表示としての測定結果は，式(1.3)の測定値だけでは十分ではない．

計測においては，**誤差**（error）について検討することが必要不可欠である．なぜなら，ある測定において，大きな誤差が存在すると，測定結果が意味を失ってしまう場合があるからである．誤差は式(1.4)のように定義される．

$$
誤差＝測定値－真の値 \tag{1.4}
$$

ここで，**図1.8**に示すように，誤差は単位と共に，**正負の符号**を持っていることに注意する必要がある．**真の値**（true value）とは，測定量（測定値ではない）が単位の何倍であるのかを示している値である．ここでは，測定において真の値は必ず存在すると仮定しよう．それでも，われわれは真の値そのものを知ることはできず，ただその存在する範囲を推定することができるだけである．言い換えれば，式(1.4)で示された正負の符号を持つ誤差の値を確定することはできず，その大きさ（絶対値）の存在範囲を推定できるだけである．

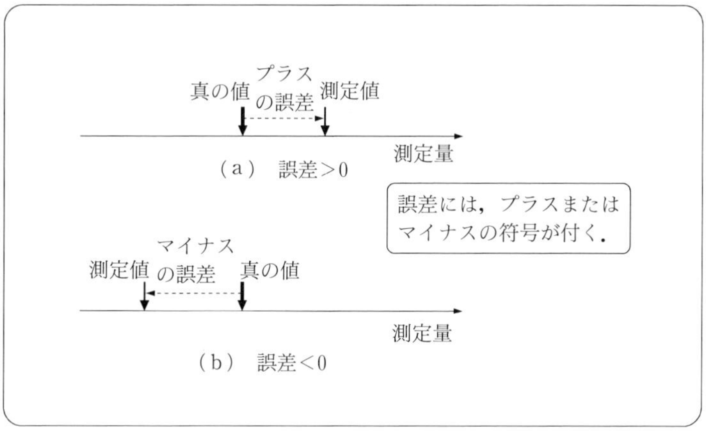

図1.8 誤差の符号

真の値に対する誤差の比を**相対誤差**（relative error）という．ただし，真の値は分からないので，通常，誤差は小さいとして真の値の代わりに測定値で割る．

$$
相対誤差＝\frac{誤差}{真の値}\fallingdotseq\frac{誤差}{測定値} \tag{1.5}
$$

相対誤差を百分率（percent，パーセント）などで表示した値を**誤差率**と呼ぶ．

1.3.2　偶然誤差と系統誤差

未知の連続的な測定量に対して，測定を行うことで離散的な測定値が得られる．このとき，誤差は**偶然誤差**（accidental error，**ランダム**（random）**誤差**，**偶発誤差**ともいう）と**系統誤差**（systematic error，システマティック誤差）に分けることができる．偶然誤差とは，同じ測定量に対する複数回の測定において，**図1.9**(a)のように，測定値の**ばらつき**(dispersion）となって現れる誤差であり，次のような原因が考えられる．実際には，これらが複雑に組み合わさって発生する．

① 雑音　② 環境の変動　③ 測定者の影響

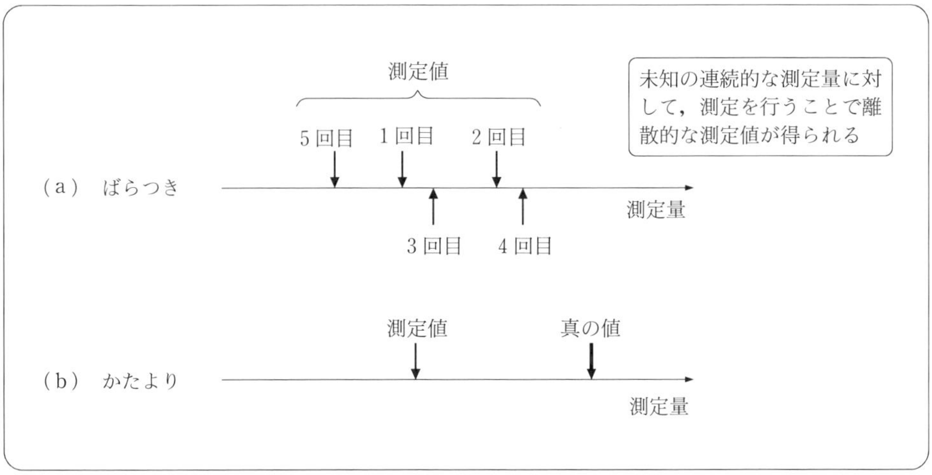

図1.9　測定におけるばらつきと，かたより

一方，系統誤差とは図1.9(b)のように，たとえばらつきがなかったとしても，真の値に対して測定値の**かたより**（bias）となって現れる誤差であり，次のような原因が考えられる．

① 測定に用いた理論における仮定や近似　② 標準器や測定器の誤差　③ 測定条件の違い

1.3.3　統 計 処 理

偶然誤差を減少させるためには，複数回の測定を行い，平均値を計算する．いま，N 個の測定値を $y_i (i = 1, 2, \cdots, N)$ と書けば，平均値 $\bar{y}_N$ は

$$\bar{y}_N = \frac{1}{N}\sum_{i=1}^{N} y_i \tag{1.6}$$

であり，測定値のばらつきを表す**標準偏差**（standard deviation）σ_N は

$$\sigma_N = \sqrt{\frac{1}{N}\sum_{i=1}^{N}(y_i - \bar{y}_N)^2} \tag{1.7}$$

であり，**分散**（variance）は σ_N^2 である．統計学では，N 個の測定値は**母集団**（population）から抽出された**標本**（sample）であると考える．測定における母集団は測定量であるが，測定量は連続量であるから，母集団は無限個で構成されていることになる．測定量を y とすれば，測定値が y と，y から微小量 dy だけ離れた値 $y + dy$ の間に入る確率が $p(y)dy$ であるとき，$p(y)$ を**確率密度関数**（probability density function）という．母集団の平均値 μ および標準偏差 σ は，それぞれ

$$\mu = \int_{-\infty}^{\infty} yp(y)dy \tag{1.8}$$

$$\sigma = \sqrt{\int_{-\infty}^{\infty}(y - \mu)^2 p(y)dy} \tag{1.9}$$

となる．N が無限大になれば，$\bar{y}_N$ と μ 及び σ_N と σ は一致するが，N が有限のとき，異なった値となる．これらを区別する場合には，$\bar{y}_N$ と σ_N をそれぞれ**標本平均**（sample mean），**標本標準偏差**（sample standard deviation）と呼び，μ と σ をそれぞれ**母平均**（population mean），**母標準偏差**（population standard deviation）と呼ぶ．

N が有限の場合に，母標準偏差 σ を推定するには，式(1.7)に代わって式(1.10)の s を用いる．

$$s = \sqrt{\frac{1}{N-1}\sum_{i=1}^{N}(y_i - \bar{y}_N)^2} \tag{1.10}$$

これに対して，式(1.7)の σ_N は N 個の測定値が標本ではなく，それ自身が母集団であると考えたときの標準偏差である．

いま，N 回の測定を1組みとして，M 組みの測定について考えてみる．統計学によれば，N 個の標本平均 $\bar{y}_N$ のばらつきを表す標準偏差 σ_M は

$$\sigma_M = \frac{s}{\sqrt{N}} \tag{1.11}$$

となり，ばらつきが $1/\sqrt{N}$ に減少する．このことは N 回の測定により得られた測定値の平均値は，個々の測定値に比べてばらつきが $1/\sqrt{N}$ となることを示している．

測定における偶然誤差によるばらつきを表す確率密度関数は，多くの場合，以下の**正規分布**（normal distribution）になることが知られている．

$$p(y) = \frac{1}{\sigma\sqrt{2\pi}}\exp\left\{-\frac{(y-\mu)^2}{2\sigma^2}\right\} \tag{1.12}$$

この正規分布は，**図1.10**のように

$\mu \pm \sigma$ の間に測定値が入る確率が 68.5 %

$\mu \pm 2\sigma$ の間に測定値が入る確率が 95.4 %

$\mu \pm 3\sigma$ の間に測定値が入る確率が 99.7 %

であり，曲線と y 軸で囲まれた面積は 1 である．

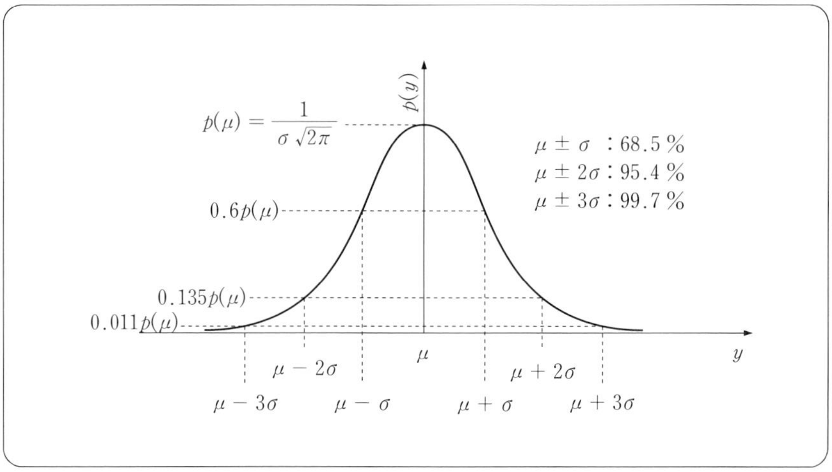

図1.10　正規分布の確率密度分布

確率密度分布が正規分布の場合の，ばらつき（偶然誤差）とかたより（系統誤差）の関係を**図1.11**に示す．この場合，かたよりは真の値と平均値との差である．

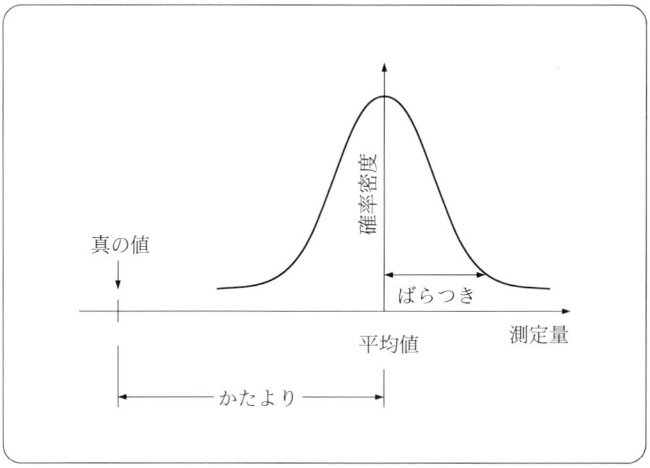

図1.11　正規分布におけるばらつき（偶然誤差）とかたより（系統誤差）の図示

1.3.4 間接測定における誤差

間接測定では，測定量と一定の関係がある複数の量を測定して，それらの量と測定量との間の関係式から最終的な測定値を決める．1.2.1 項では，抵抗を流れる電流値 I と両端の電圧値 V を測定して，$R = V/I$ の関係から，抵抗値 R を計算する例について説明した．このような関係式を一般的に式(1.13)のように表す．

$$y = f(x_1, x_2, \cdots, x_N) \tag{1.13}$$

ここで，y は間接測定によって求めたい測定量，$x_i(i = 1, 2, \cdots, N)$ はその量を計算するために最初に測定する N 個の量である．

x_i が微小量 Δx_i だけ変動したときの y の変動 Δy は式(1.14)のように表される．

$$\Delta y = \sum_{i=1}^{N} \frac{\partial f}{\partial x_i} \Delta x_i \tag{1.14}$$

この式(1.14)は系統誤差に適用でき，Δx_i から正あるいは負の符号を持つ Δy が計算できれば，その系統誤差に関して測定結果を補正することができる．

通常は，Δx_i に関してそれらの大きさ（絶対値）が個々に推定される．いま，$|\Delta x_i|$ の最大値がそれぞれ ε_i と推定されたとき，$|\Delta y|$ の最大値 ε_y は最悪の場合

$$\varepsilon_y = \sum_{i=1}^{N} \left\{ \left| \frac{\partial f}{\partial x_i} \right| \varepsilon_i \right\} \tag{1.15}$$

となる．しかし，式(1.15)によって間接測定の誤差を評価することは，過大評価になる可能性が大きい．x_i に関する個々の誤差（これを**部分誤差**（partial error）という）の符号がすべて同じであったときにのみ，y に関する**合成誤差**（combined error）の大きさは式(1.15)のような和で表される．しかし実際には，部分誤差の符号は正負に分散され，誤差のキャンセルが起こるはずである．

間接測定における合成誤差の評価においては，各部分誤差には相互に相関がないものとして，以下のような**誤差伝搬の法則**（law of error propagation）がよく使われる．

$$\sigma_y = \sqrt{\sum_{i=1}^{N} \left(\frac{\partial f}{\partial x_i} \sigma_i \right)^2} \tag{1.16}$$

ここで，σ_y は y に関する合成誤差の標準偏差，σ_i は x_i に関する各部分誤差の標準偏差である．各部分誤差が偶然誤差であれば，合成誤差も偶然誤差となり，結果はすべてばらつきとなって現れるので，この場合は標準偏差の意味が理解しやすい．各部分誤差が系統誤差であっても，その系統誤差に関する平均値と確率密度関数が分かれば，式(1.9)によって標準偏差が計算できる．

例題 1.1　いま，誤差の大きさ（絶対値）の最大値を誤差限界と呼び，式(1.5)のように，誤差限界を真の値の大きさで割った値を相対誤差限界，標準偏差を真の値の大きさで割った値を相対標準偏差と呼ぶことにしよう．また，相対誤差限界，相対標準偏差を百分率で表示した値を，それぞれ誤差限界率，標準偏差率と名付けよう．

図 1.6 に示したように，抵抗 R を流れる直流電流 I と両端の直流電圧 V を測定して，抵抗 R を測定する間接測定において

（1）　電圧測定の誤差率 $\Delta V/V$ が $+2.0$ %，電流測定の誤差率 $\Delta I/I$ が $+5.0$ %の場合，抵抗の測定値の誤差率 $\Delta R/R$ はいくらか．

（2）　電圧測定の誤差限界率 $\varepsilon_V/|V|$ が 2.0 %，電流測定の誤差限界率 $\varepsilon_I/|I|$ が 5.0 %のとき，抵抗の測定値の誤差限界率 ε_R/R は，最悪の場合いくらか．

（3）　電圧測定の標準偏差率 $\sigma_V/|V|$ が 2.0 %，電流測定の標準偏差率 $\sigma_I/|I|$ が 5.0 %のとき，抵抗の測定値の標準偏差率 σ_R/R はいくらか．

解答　式(1.2)，(1.14)～(1.16)によって，抵抗測定値の誤差率，誤差限界率，標準偏差率を求めると，それぞれ

$$\frac{\Delta R}{R} = \frac{\Delta V}{V} - \frac{\Delta I}{I} \tag{1.17}$$

$$\frac{\varepsilon_R}{R} = \frac{\varepsilon_V}{|V|} + \frac{\varepsilon_I}{|I|} \tag{1.18}$$

$$\frac{\sigma_R}{R} = \sqrt{\left(\frac{\sigma_V}{V}\right)^2 + \left(\frac{\sigma_I}{I}\right)^2} \tag{1.19}$$

となるので，（1）-3.0 %，（2）7.0 %，（3）5.4 %となる．

1.3.5　測定値の質の表現

ある計測システムで検出できる最小の測定量（minimum detectable quantity）はそのシステムの**感度**（sensitivity）と雑音によって決まる．また，区別することが可能な測定量の最小差を**分解能**（resolution）という．分解能を最終的に決めるものも感度と雑音であるが，分解能と検出できる最小の測定量とは異なる．このほか，**精密さ**（precision），**正確さ**（accuracy），**精度**が測定結果の質を表すために一般に用いられている．計測では，これらは異なった意味で区別して使用される．これらの意味を**表 1.1** に示す．

表 1.1　測定値の質の表現

精密さ	測定値のばらつきの小ささ
正確さ	測定値のかたよりの小ささ
精　度	精密さと正確さの両方を考慮した測定結果の総合的な良さ

誤差の大きさあるいは精度の表示方法としては，系統誤差と偶然誤差の両方を標準偏差で表して組み合わせた**不確かさ**（uncertainty）が用いられる．系統誤差の標準偏差を σ_S，偶然誤差の標準偏差を σ_R とすれば，これらを合わせた**総合誤差**（overall error）の不確かさ σ は

$$\sigma = \sqrt{\sigma_S{}^2 + \sigma_R{}^2} \tag{1.20}$$

となる．通常，この標準偏差の2倍である 2σ が表示され，これを**拡張不確かさ**という．

本章のまとめ

❶ **測　定**　ある量が，基準となる量（単位）の何倍であるかを決めるための行為

❷ **計　測**　測定を行うための方法論

❸ **単　位**　測定において基準となる量

❹ **標　準**　単位を具体化したもの

❺ **測定量**　測定すべき量

❻ **測定値**　倍数×単位の形式で表示された測定結果

❼ **真の値**　測定量が単位の何倍であるかを表す値

❽ **誤　差**　測定値−真の値

❾ **相対誤差**　$\dfrac{\text{誤差}}{\text{真の値}} \fallingdotseq \dfrac{\text{誤差}}{\text{測定値}}$

❿ **直接測定**　測定量を，それと同じ種類の値の分かった量と比較する測定方法

⓫ **間接測定**　測定量と一定の関係がある複数の量を測定して計算する測定方法

⓬ **系統誤差**　真の値に対して測定値の「かたより」となって現れる誤差

⓭ **偶然誤差**　複数回の測定において測定値の「ばらつき」となって現れる誤差

⓮ **母標準偏差の推定値**　$s = \sqrt{\dfrac{1}{N-1}\sum_{i=1}^{N}(y_i - \bar{y}_N)^2}$

⓯ **誤差伝搬の法則**　$\sigma_y = \sqrt{\sum_{i=1}^{N}\left(\dfrac{\partial f}{\partial x_i}\sigma_i\right)^2}$

⓰ **ホイートストンブリッジの平衡条件**　$R_X = \dfrac{R_2}{R_1}R_S$

⓱ **精密さ，正確さ，精度**　表1.1参照

⓲ **不確かさ**　系統誤差と偶然誤差の両方を標準偏差で表して組み合わせた誤差の大きさの表示

●理解度の確認●

問 1.1　天秤を用いた質量の測定を例にとって，補償法による測定を説明せよ．

問 1.2　電圧の測定を5回行う．測定値について必要とする桁数が4桁であるとき，真の値を1.315 678 V と仮定し

（1）　精密であるが，正確ではない

（2）　（1）より正確ではあるが，精密さに欠ける

（3）　十分な精度を持つ

5回の測定結果の例をそれぞれ示せ．ただし，この測定は，十分な分解能を持っているものとする．

問 1.3　図1.12の方形確率密度関数を持つ系統誤差の標準偏差を求めよ．

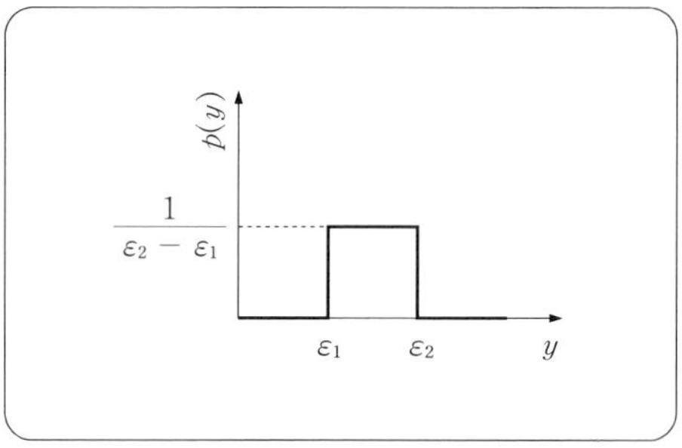

図1.12　方形確率密度関数

2 単位と標準

ある量を測定するためには，単位を定義し，その標準を作る必要がある．単位の定義に関する体系を単位系と呼ぶ．計測においては，単位の定義と標準が極めて重要であり，信頼できる測定の基礎を与えている．多くの単位系が同時に使われると，相互の変換に多大な労力が費やされ，経済的な損失も大きい．そこで，すべての国が採用しうる実用的な単位系の確立を目的として，国際的な英知が結集され，その成果が現在の国際単位系である．

また，単位を具体化した標準には，これまで最先端の科学技術の成果が活用されてきた．電気に関連した量の標準については，物質固有の量子効果を利用する量子電気標準が開発されている．

2.1 単位系

単位系は実際にどのようにして構成されるのだろうか．歴史的にどのような変遷を経てきているのか．現在，理工学の分野で最も広く使われている国際単位系とは，どのような特徴を持った単位系であろうか．更に，国際単位系と電磁気学で学んだいくつかの単位系との関係などについて学習しよう．

2.1.1 単位系の基礎

物理学において現れる種々の量（physical quantity，**物理量**）を測定するには，それぞれに単位を決める必要がある．ただし，物理量の間には定義によって相互に関連があり，すべての量について独立に単位を決めることはできない．例えば，長さの単位として m（メートル）を採用すれば，面積の単位は m^2，体積の単位は m^3 と決まる．また，正弦波状に変化する現象の周波数 f と周期 T は逆数の関係にあるから式(2.1)で表される．

$$f = \frac{1}{T} \tag{2.1}$$

つまり，時間の単位である s（秒）を定義することと，周波数の単位 Hz（ヘルツ）を規定することは等価である．更に，多くの量は，法則や定理によって結びつけられている．これらの関係を総合すると，物理量のすべての単位は，基本として選んだいくつかの量（**基本量**）の単位によって組み立てることができる．

力学では，基本量は最少，三つあればよい．現在では，長さ，質量，時間を基本量として選ぶことが，理工学において最も広く採用されている．基本量の単位を**基本単位**（base unit，fundamental unit）といい，基本単位から組み立てた単位を**組立単位**（derived unit，**誘導単位**）という．基本単位と組立単位によって構成された単位の定義に関する体系を**単位系**（system of units）と呼ぶ．基本量として長さ，質量，時間をとることは絶対的な条件ではない．例えば，質量の代わりに力をとることもできる．単位系の構成と例を**図 2.1** に示す．

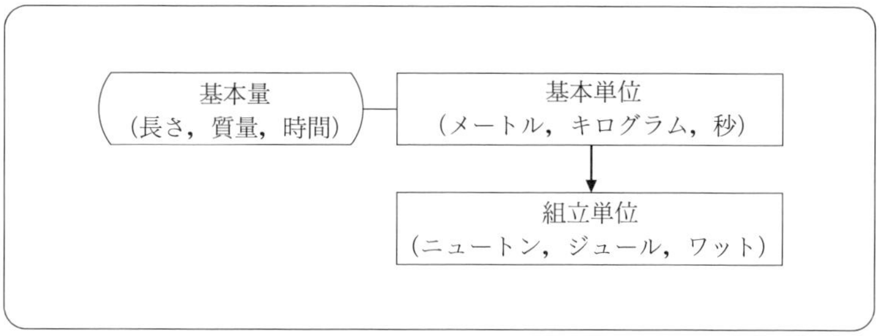

図 2.1　単位系の構成（かっこ内は例）

基本量として長さ，質量，時間を選んだ場合，力 F は質量×加速度であるから，質量 M と長さ L の積を時間 T の 2 乗で割った量である．このことを

$$[F] = [L^1 M^1 T^{-2}] \tag{2.2}$$

と書く．このような形式で書いた式を**次元式**といい，基本量の次数をそれぞれの**次元**（dimension）という．同一の量の比，例えば効率や比誘電率などの次元はすべて 0（無次元）となるから，次元式の右辺は[1]となる．次元式は，組立単位と基本単位との関係を表すもので，式(2.2)は力の単位 N（ニュートン）の大きさを示すものではない．

電磁気学では，力学で現れる量のほかに，電気的な量が使われる．したがって，基本量としては，長さ，質量，時間だけでは十分ではなく，電気に関連する基本量が必要である．この基本量とその単位を決めるために，次のような三つの力を考える．

① 真空中で距離 r だけ離れた電荷 q_1 と q_2 の間に働く力 F_e（電荷に関するクーロンの法則）

$$F_e = \frac{1}{\alpha}\frac{q_1 q_2}{r^2} \tag{2.3}$$

② 真空中で距離 r だけ離れた磁極 m_1 と m_2 の間に働く力 F_m（磁極に関するクーロンの法則）

$$F_m = \frac{1}{\beta}\frac{m_1 m_2}{r^2} \tag{2.4}$$

③ 電流 I が流れる導線の長さ ds の部分が真空中で距離 r だけ離れた磁極 m に及ぼす力 dF（ビオ・サバールの法則）

$$dF = \frac{1}{\gamma}\frac{mIds\sin\theta}{r^2} \tag{2.5}$$

式(2.3)は電気的な量の間に働く力，式(2.4)は磁気的な量の間に働く力，式(2.5)は電気的な量と磁気的な量の間に働く力である．式(2.5)における θ は ds から見た磁極の方向を表す角度である．これらの式で，α，β，γ は単位系の構成によって決まる定数である．定数 α，β，γ の間には，マクスウェルの方程式により，式(2.6)のような関係がある．

$$\frac{\gamma^2}{\alpha\beta} = c_0^2 \tag{2.6}$$

ここで，c_0 は真空中における**光の速さ**（speed of light）である．したがって，電気に関する基本単位を決めるために独立に選べる定数は二つである．

種々の単位系における α，β，γ の値と次元を**表 2.1** に示す．ここで，空欄（横線の入った欄）は式(2.6)から決まる．

表 2.1　単位系と定数 α，β，γ（[1] は無次元を，[μ] は透磁率の次元を表す）

単位系	α	β	γ
CGS 静電単位系	1 [1]	——	1 [1]
CGS 電磁単位系	——	1 [1]	1 [1]
ガウス単位系	1 [1]	1 [1]	——
MKSA 非有理単位系	——	10^{-7} [μ]	1 [1]
MKSA 有理単位系	——	$(4\pi)^2\times10^{-7}$ [μ]	4π [1]

長さ，質量，時間の単位として，CGS 単位系では cm，g，s を，MKSA 単位系では m，kg，s を用いている．これらの単位系の中で，最も広く用いられているのは，**MKSA 有理単位系**（rational MKSA system of units）である．MKSA 有理単位系と **MKSA 非有理単位系**（irrational MKSA system of units）との違いは，β，γ の大きさだけであるが，MKSA 非有理単位系では，4π という球の面積に関係する係数が式の中に不自然な形で入ってくる．例えば，真空中に置かれた面積 S，間隔 d の平行平板間の静電容量 C は，MKSA 非有理単位系においては

$$C = \frac{\varepsilon_0 S}{4\pi d} \tag{2.7}$$

となるが，MKSA 有理単位系では

$$C = \frac{\varepsilon_0 S}{d} \tag{2.8}$$

となる．式(2.7)より，式(2.8)の方が自然である．ここで，ε_0 は**真空の誘電率**（permittivity of vacuum）であり，真空中の光の速さ c_0 および**真空の透磁率**（permeability of vacuum）μ_0 との間に式(2.9)の関係がある．

$$\varepsilon_0 = \frac{1}{\mu_0 c_0^2} \tag{2.9}$$

MKSA 有理単位系では，磁極に関するクーロンの法則の定数 β の大きさを，真空の透磁率 μ_0 を用いて

$$\beta = 4\pi\mu_0 \tag{2.10}$$

と決めている．また，真空の透磁率 μ_0 の次元を長さ，質量，時間と独立とし，その大きさを

$$\mu_0 = 4\pi \times 10^{-7} \tag{2.11}$$

としている．これは，次節で説明するように，SI 単位において電気に関する基本単位として電流を選び，その単位を A（アンペア）と決めることと等価である．

2.1.2 SI　単　位

多くの単位系が同時に使われると，相互の変換に多大な労力が費やされ，経済的な損失も大きい．そこで，1960 年にメートル条約による国際度量衡総会は「すべての国が採用しうる実用的な単位系の確立」を目的として，**国際単位系**（International System of Units）を決めた．国際単位系における単位を **SI 単位**と呼ぶ．英語によれば，IS 単位となるはずであるが，フランス語の Système International d'Unités からの略記である．

国際単位系は，MKSA 有理単位系を基礎とし，実用的な面を考慮して構成されている．**図 2.2** のように，七つの**基本単位**と二つの**補助単位**（supplementary unit），および基本単位と補助単位以外の**組立単位**からなり，10 の整数乗倍を表す**接頭語**（prefix）の使用を認めている．

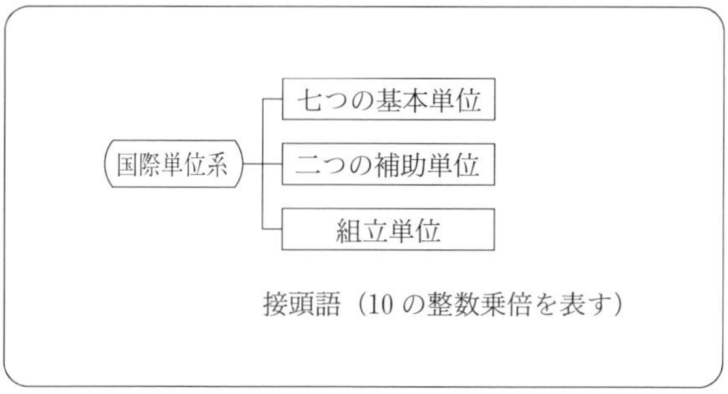

図 2.2　国際単位系の基本構成

基本単位は，**表 2.2** のように，長さの単位 m，質量の単位 kg，時間の単位 s のほかに，電気に関する単位として電流の単位 A を規定し，更に熱力学温度の単位 K（ケルビン），物質量の単位 mol（モル），光度の単位 cd（カンデラ）を加え，全部で七つ決められている．ケルビン，モル，カンデラの三つは，国際単位系では実用的な面を考慮して基本単位に加えられている．

表 2.2 の基本単位の定義を見ると，長さの単位であるメートルの定義の中に，時間の単位である秒が入っているので，メートルを考える場合は必然的に秒を考えなくてはならない．秒の定義は，歴史的にいくつかの変遷を経ている．1960 年までは，平均太陽日の 86 400 分

表 2.2　SI 基本単位の定義

量	名　称	記　号	定義（要約）
長　さ	メートル	m	299 792 458 分の 1 秒に光が真空中を伝わる長さ（距離）
質　量	キログラム	kg	国際キログラム原器の質量
時　間	秒	s	セシウム 133 の特定の二つのエネルギー準位間の放射の 9 192 631 770 周期
電　流	アンペア	A	真空中に 1 メートルの間隔で置かれた 2 本の直線状導体を流れ，1 メートルごとに 2×10^{-7} ニュートンの力を生ずる電流
熱力学温度	ケルビン	K	水の三重点の熱力学温度の 273.16 分の 1
物質量	モル	mol	0.012 キログラムの炭素 12 の中の原子の数と等しい粒子数を持つ物質量
光　度	カンデラ	cd	540 テラヘルツの放射強度が 683 分の 1 ワット/ステラジアンの光度

の 1 と定義され，地球の自転の周期によって決められていた．1960 年以後，地球の公転の周期（太陽年）を基準とした定義に変更され，1967 年に現在の定義が国際度量衡総会において決定された．いわば，宇宙における天体の運動から，原子の世界の現象へと時間の定義が移ったわけである．表 2.2 の定義の表現は要約であり，正式には

> **秒**は，セシウム（Cs）133 の原子の基底状態の二つの超微細準位の間の遷移に対応する放射の周期の 9 192 631 770 倍の継続時間である．

と規定されている．この定義は，セシウム 133 の上記のエネルギー準位間において起こる電磁波の共鳴周波数 f_0 を $9.192\,631\,770\times10^9$ Hz と定めていることと同じである．つまり，この周波数の値は測定するものではなく，決められたものであり，これによって 1 秒が決まっている．ただし，あくまで基本単位は秒であるから，正式な定義は上記の文章となっている．長さの単位メートルは，1960 年以前，白金-イリジウム製の国際メートル原器によって決められていたが，クリプトン 86 の放射の波長に基づく定義に変更され，1983 年に現在の定義が決められた．この定義は，真空中の光の速さ c_0 を

$$c_0 = 2.997\,924\,58\times10^8 \ \text{〔m/s〕} \qquad (2.12)$$

と決めていることと同じである．1983 年までは，光の速さを正確に測定することは物理学における重要な課題であったが，1983 年以降は光の速さが約束された値となり，測定しようとする人はいなくなった．メートルの定義が，経年変化が避けられない**原器**（prototype standard）から，光の速さという普遍的な物理定数に基づくものに変更されたわけである．

質量の単位キログラムは依然として，原器に頼って定められている．もちろん，キログラムもメートルと同様に，普遍的な物理定数に基づく定義に変更されることが望ましく，各国で研究が進められているが，技術的な困難性により，2002 年の時点ではいまだ研究段階にとどまっている．

電流の単位アンペアの正式な定義は

> **アンペア**は，真空中に 1 メートルの間隔で平行に置かれた無限に小さい円形断面積を有する無限に長い 2 本の直線状導体のそれぞれを流れ，これらの導体の長さ 1 メートルごとに 2×10^{-7}ニュートンの力を及ぼし合う一定の電流である．

と規定されている．この定義によるアンペアと他の基本単位との関係を**図 2.3** に示す．この図を見て，アンペアが組立単位であると誤解してはいけない．表 2.2 のアンペアの定義は，真空の透磁率 μ_0 を

$$\mu_0 = 4\pi \times 10^{-7} \quad \text{[H/m]} \tag{2.13}$$

と決めることと同じ意味を持つ．式(2.13)で，H はインダクタンスの単位ヘンリーの単位記号である．つまり，長さの単位メートルの定義が，秒を定義した上で真空中の光の速さを決めることと等価であるように，電流の単位アンペアの定義は，秒，メートル，キログラムを定義した上で，真空の透磁率の値を決めるのと等価である．定義の文章に組立単位であるニュートンが含まれているのは，表現を簡潔にするためである．

補助単位は，平面角の単位 rad（ラジアン）と立体角の単位 sr（ステラジアン）の二つだ

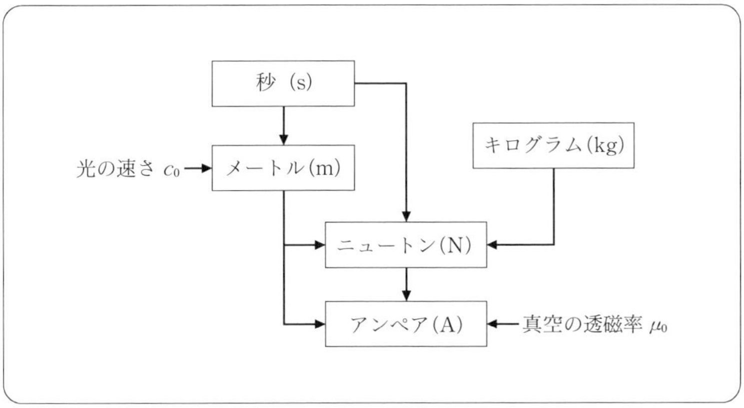

図 2.3　電流の単位アンペアと他の基本単位との関係

けである．平面角と立体角は，いずれも無次元の量である．これら二つの補助単位を例外として，七つの基本単位以外はすべて組立単位である．SI 単位の重要な特徴は，すべての組立単位が，基本単位の乗除だけで構成され，係数が使われないという点である．このような単位系を**一貫性のある単位系**（coherent system of units）という．**表 2.3** は，固有の名称を持つ SI 組立単位の例を示している．例えば電圧の単位 V（ボルト）の SI 基本単位による表し方は

$$m^2 \cdot kg \cdot s^{-3} \cdot A^{-1}$$

であり，ここには係数が一切使われていない．SI 単位では，これが電圧の単位の正式な表し方である．しかし，電圧や抵抗などはきわめて頻繁に使われる量であるため，基本単位による表記だけでは不便であり，表 2.3 に示したような**固有の名称を持つ単位**を使うことが規定されている．これらは，SI 単位におけるニックネームであるともいえる．

表 2.3　固有の名称を持つ SI 組立単位の例

量	名　称	記　号	他の SI 単位による組立て	SI 基本単位による組立て
周波数	ヘルツ	Hz	——	s^{-1}
力	ニュートン	N	——	$m \cdot kg \cdot s^{-2}$
圧　力	パスカル	Pa	N/m^2	$m^{-1} \cdot kg \cdot s^{-2}$
エネルギー	ジュール	J	$N \cdot m$	$m^2 \cdot kg \cdot s^{-2}$
仕事率，電力	ワット	W	J/s	$m^2 \cdot kg \cdot s^{-3}$
電　荷	クーロン	C	$A \cdot s$	$s \cdot A$
電　圧	ボルト	V	W/A	$m^2 \cdot kg \cdot s^{-3} \cdot A^{-1}$
静電容量	ファラド	F	C/V	$m^{-2} \cdot kg^{-1} \cdot s^4 \cdot A^2$
電気抵抗	オーム	Ω	V/A	$m^2 \cdot kg \cdot s^{-3} \cdot A^{-2}$
コンダクタンス	ジーメンス	S	A/V	$m^{-2} \cdot kg^{-1} \cdot s^3 \cdot A^2$
磁　束	ウェーバ	Wb	$V \cdot s$	$m^2 \cdot kg \cdot s^{-2} \cdot A^{-1}$
磁束密度	テスラ	T	Wb/m^2	$kg \cdot s^{-2} \cdot A^{-1}$
インダクタンス	ヘンリー	H	Wb/A	$m^2 \cdot kg \cdot s^{-2} \cdot A^{-2}$

一貫性のある単位系の構成は，理論的には簡潔であるが，組立単位によっては，普通に使われる量の大きさが大きくなりすぎたり，逆に小さくなりすぎたりする．この問題を解決するため，SI 単位では，**表 2.4** に示すような接頭語を用いる．

SI 単位における電気に関連した基本量は電流であり，その単位はアンペア（A）である．したがって，SI 単位では，アンペア以外の電気関連量の単位はすべて組立単位であり，その例および組み立てるプロセスを**図 2.4** に示す．仕事率の単位ワット（W）は，SI 基本単位から $m^2 \cdot kg \cdot s^{-3}$ と組み立てることができ，これは電力の単位ワット（W）と等しい．この結果，電圧の単位ボルト（V）がアンペアとワットから組み立てられ，以下，図 2.4 に示したように，オーム（Ω），クーロン（C）などが順次組み立てられる．

表 2.4　SI 単位における接頭語

倍　数	接頭語	記号	倍　数	接頭語	記号
10^{24}	ヨタ　(yotta)	Y	10^{-1}	デシ　(deci)	d
10^{21}	ゼタ　(zetta)	Z	10^{-2}	センチ　(centi)	c
10^{18}	エクサ　(exa)	E	10^{-3}	ミリ　(milli)	m
10^{15}	ペタ　(peta)	P	10^{-6}	マイクロ　(micro)	μ
10^{12}	テラ　(tera)	T	10^{-9}	ナノ　(nano)	n
10^{9}	ギガ　(giga)	G	10^{-12}	ピコ　(pico)	p
10^{6}	メガ　(mega)	M	10^{-15}	フェムト　(femto)	f
10^{3}	キロ　(kilo)	k	10^{-18}	アト　(atto)	a
10^{2}	ヘクト　(hecto)	h	10^{-20}	ゼプト　(zepto)	z
10^{1}	デカ　(deca)	da	10^{-24}	ヨプト　(yopto)	y

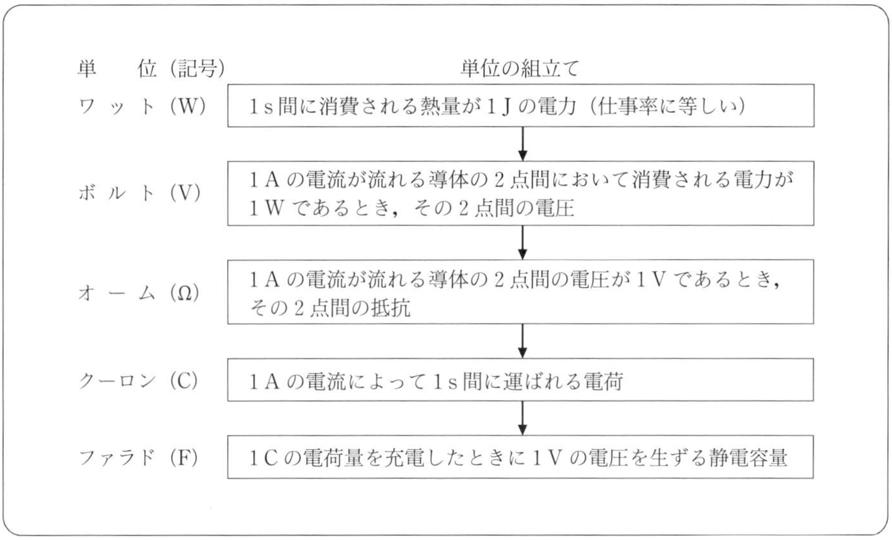

単　位（記号）
単位の組立て
ワ ッ ト（W）
1 s 間に消費される熱量が 1 J の電力（仕事率に等しい）
ボ ル ト（V）
1 A の電流が流れる導体の 2 点間において消費される電力が 1 W であるとき，その 2 点間の電圧
オ ー ム（Ω）
1 A の電流が流れる導体の 2 点間の電圧が 1 V であるとき，その 2 点間の抵抗
クーロン（C）
1 A の電流によって 1 s 間に運ばれる電荷
ファラド（F）
1 C の電荷量を充電したときに 1 V の電圧を生ずる静電容量

図 2.4　SI 単位における電気に関連した単位の組立て

談　話　室

SI 単位の表記法　SI 単位では，単位記号や接頭語の表記などに関して，かなり細かなルールが決まっている．例えば

（1）単位記号は直立体（ローマン）で印刷され，数値との間は四分角のスペースを置く（1.0V ではなく 1.0 V と書く）．数値も 3 桁ごとに四分角のスペースを置く．

（2）一般には小文字で書くが，固有名詞に由来する場合のみ，Hz（ヘルツ），Wb（ウェーバ）など最初の文字を大文字とする．数値が複数でも変化させない．

（3）組立単位を別の単位で表記する場合，例えば加速度の単位 m/s^2 を m/s/s などのように斜線を複数用いてはならない．

（4）接頭語も直立体で印刷し，接頭語の記号と単位記号の間にはスペースを置かない．

（5）接頭語は組み合わせて用いない（1μμF ではなく，1 pF と書く）．

このようなルールの中で，不思議なものは，質量の単位の表記法である．10^{-6} kg は，規則によれば，1μkg と書かれるべきものであるが（基本単位は kg である），1 mg と表記する．これは，歴史的および慣習上の理由による．

2.2 計 測 標 準

SI 単位における基本単位の計測標準とはどのようなものか．電気に直接関連した基本単位は電流であるが，電圧や抵抗などの標準はどう構成するのか．普遍的な標準を実現するためにはどうしたらよいか．実際にわれわれが使用する測定器などの指示値は信頼できるのか．本節では，これらのことについて学ぼう．

2.2.1 基本単位の標準

秒の標準は，表 2.2 の定義に従って作られた**図 2.5** のようなセシウム（Cs）原子時計である．セシウムは炉で熱せられて蒸発し，磁石で偏向，収束されて Cs 原子のビームとなってマイクロ波空洞共振器の中に入る．マイクロ波空洞共振器は，規定のエネルギー準位間において起こる電磁波の共鳴周波数 f_0 で共振するように設計されている．共振器を出た Cs 原子のうち，電磁波と相互作用を起こしてエネルギー準位を変えた原子だけが，もう一つの磁石の働きによって，検出器に入りイオン電流として検出される．

マイクロ波空洞共振器を励振する電磁波は，水晶発振器からの信号を基に周波数シンセサイザにより作られるが，その位相は低周波発振器により位相変調されている．この結果，周波数シンセサイザの周波数が f_0 と完全に一致しているときは，位相比較器からの出力は 0 となるが，わずかにずれていると，そのずれに比例した正あるいは負の誤差電圧が出力される．この誤差電圧をサーボ増幅器で増幅し，水晶発振器の発振周波数を誤差電圧が常に 0 と

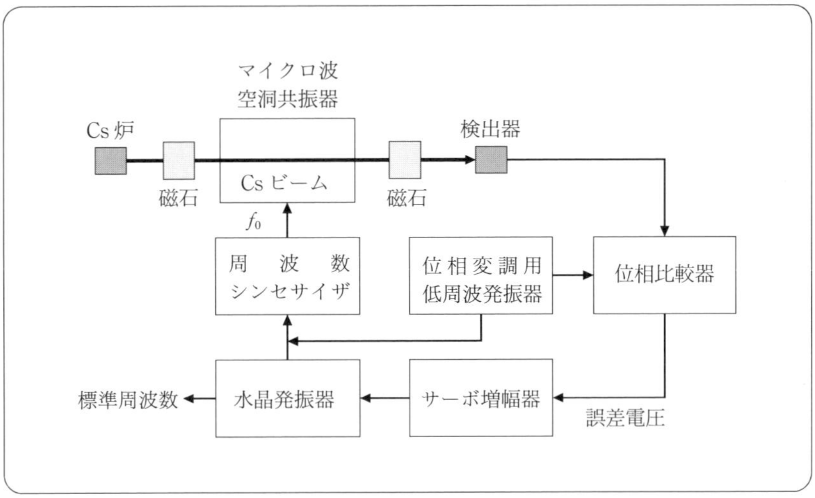

図 2.5　セシウム（Cs）原子時計の構成例

なるように制御する．このような原子時計によって得られる標準周波数の精度（不確かさ）は，10^{-13}オーダ（13 桁信頼できる）と極めて高く，これが現在のあらゆる高精度な測定，ひいては科学技術の信頼度の根底となっているといっても過言ではない．

メートルの標準は，1960 年以前，単位の定義である国際メートル原器であり，それが 1 m そのものであった．現在の光の速さ c_0 を基にした定義を具体化した計測標準は，周波数を安定化したレーザおよびこれを用いた干渉計である．一般に，周波数 f と真空中の波長 λ の間には

$$\lambda = \frac{c_0}{f} \tag{2.14}$$

という関係がある．したがって，レーザ光の周波数を秒の標準から正確に決定すれば，レーザ光の干渉によって，値の分かった波長，すなわちメートルの標準が実現できる．なお，標準が示す値は必ずしも単位の大きさ（この場合は 1 m）と同じである必要はない．

キログラムの標準は，いまだに国際キログラム原器，具体的には白金 90 %，イリジウム 10 %の直径と高さが 39 mm の円筒形の分銅である．国際キログラム原器は，フランス・パリの郊外セブールにある国際度量衡局に保管されている．標準がこれだけでは不便であるため，レプリカが作成され，各国で保管されている．日本の原器は No.6 という番号が付けられ，国際キログラム原器よりも 0.170 mg だけ大きい質量を持っている．

電流の単位アンペアの標準を，定義に忠実に実現することは明らかに困難である．このため，**図 2.6** に示すような基本構造を持つ電流天秤が開発された．定義にある無限の長さの平

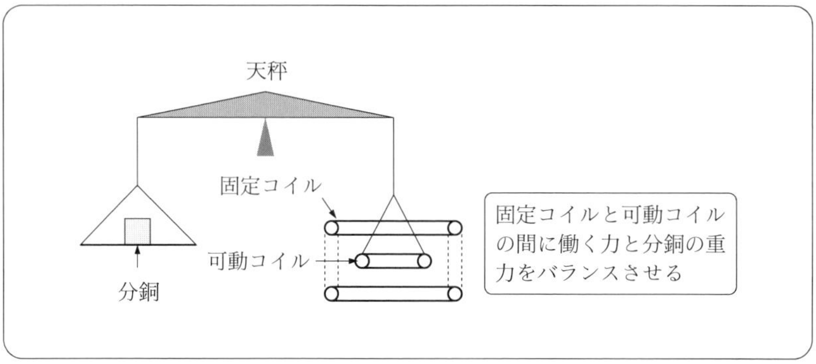

図 2.6　電流天秤の基本構造

行な 2 本の導線に代わって，固定コイルと可動コイルの 2 組みのコイルが用いられている．これらのコイルの寸法，巻数，位置を正確に測定し，電流を流したときに作用する力を天秤と分銅により測定する．

この方法は，コイルの三次元的な寸法測定が必要であること，発生力が微小であることなど，技術的に困難な点が多い．このため，コイルを磁界中で移動させることにより，寸法測定を不要とした方式などが試みられているが，図 2.3 に示した電流の単位アンペアと長さ，質量，時間の単位との結びつきは 10^{-6}（6 桁）から 10^{-7}（7 桁）程度にとどまっている．

2.2.2　量子電気標準

SI 単位では，電圧の単位ボルト（V）と抵抗の単位オーム（Ω）は，図 2.4 に示した経路で組み立てられるから，それらの標準も長さ，質量，時間の標準と直接結びつく電流天秤などを基にすることが SI 単位における正統的な流れである．ところが，近年，SI 単位の規定に忠実な電流天秤よりも，はるかに安定な電圧標準と抵抗標準が開発された．これらの標準は物質の量子現象を利用し，プランク定数と電子の電荷量という物理定数によって決まるため，**量子電気標準**と呼ばれている．

電圧の量子電気標準は，英国の B. D. Josephson が 1962 年に発見した**ジョセフソン接合**（Josephson junction）における**ジョセフソン効果**（Josephson effect）を利用したものである．ジョセフソン接合とは，**図 2.7** に示すように，鉛（Pb）などの二つの超伝導体を薄い絶縁膜などでゆるく結合した構造であり，この接合に一定の電位差を与えると，発振し交流電流が流れる．これが交流ジョセフソン効果といわれるものである．

更に，この状態で，外部から周波数 f の電磁波を照射すると，交流ジョセフソン効果により作られた電磁波との間で干渉が起こり，ジョセフソン接合に流れる電流と電圧の関係は，**図 2.8** に示すように階段状に変化する．

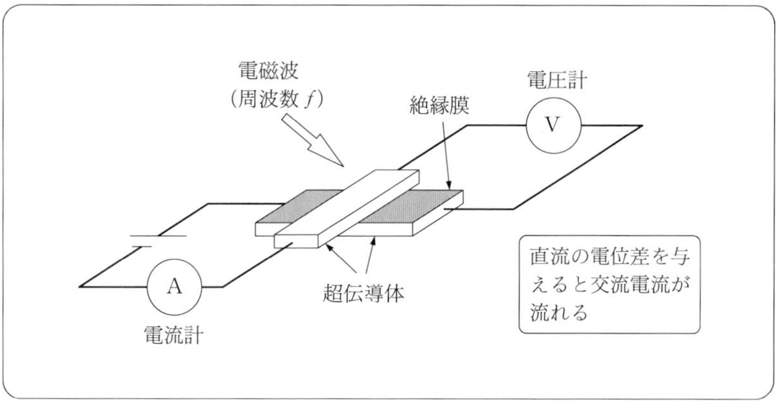

図 2.7 ジョセフソン接合

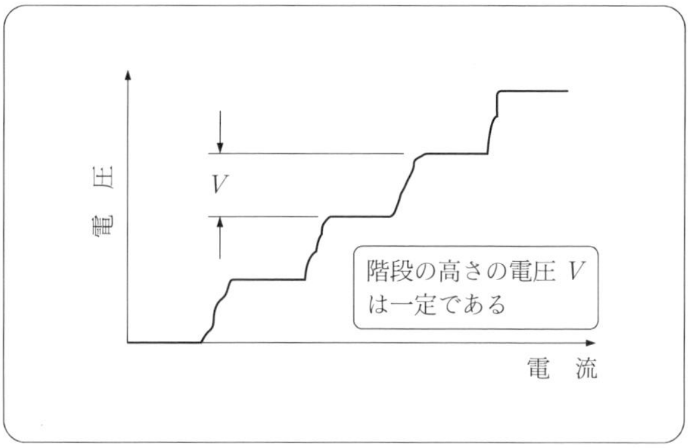

図 2.8 ジョセフソン接合に電磁波を照射した場合の電流-電圧特性

この階段の高さはすべて等しく，1段の電圧 V は

$$V = \frac{h}{2e}f \tag{2.15}$$

となる．ここで，h はプランク定数，e は電子の電荷である．周波数 f はセシウム原子時計によって正確に測定できるから，定数 $2e/h$ を決めれば，電圧の標準ができる．定数 $2e/h$ をジョセフソン係数 K_J といい，図 2.3 と図 2.4 に示した SI 単位における経路に従って決められた標準とできるだけ一致するように 1990 年に協定値

$$K_{J-90} = \frac{2e}{h} = 483\,597.9 \quad \text{〔GHz/V〕} \tag{2.16}$$

が決められた．この標準を**ジョセフソン電圧標準**という．ジョセフソン電圧標準の安定度および再現性は 10^{-8} 以上である．

一方，1980 年に当時の西ドイツの K. von Klitzing らが**量子ホール効果**（Quantum Hall effect）を用いて高精度な抵抗標準を実現できる可能性を示した．**図 2.9** に示すように，シ

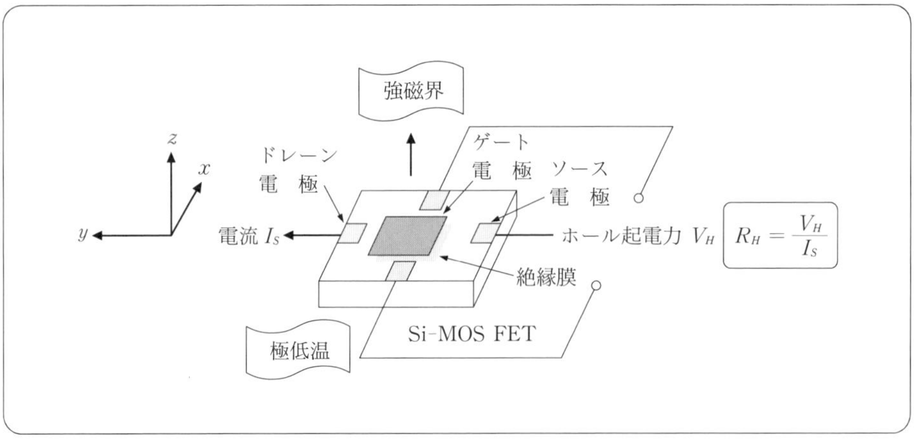

図 2.9　Si-MOS FET における量子ホール抵抗 R_H

リコン MOS（Metal-oxide-semiconductor）電界効果トランジスタ（Si-MOS FET）を 1 K 程度の極低温の環境下に置き，z 方向に 10 T 以上の強磁界をかける．ゲート電極に電圧を加えると，ゲート電極の下の絶縁層とシリコンの界面に二次元の電子の層ができる．これを二次元電子ガスという．この状態で，ソース電極からドレーン電極へ y 方向の電流 I_S を流すと，これと直角な x 方向にホール起電力 V_H が発生する．

このとき，ホール抵抗 R_H は量子化され

$$R_H=\frac{V_H}{I_S}=\frac{h}{ne^2} \tag{2.17}$$

となる．ここで，n はゲート電極の電圧によって決まる整数である．したがって，ジョセフソン電圧標準と同様に，プランク定数と電子の電荷により決まる量子標準となる．定数 h/e^2 の値も，図 2.3 と図 2.4 の SI 単位における経路に従って決められた標準とできるだけ一致するように 1990 年に協定値

$$R_{K-90}=\frac{h}{e^2}=25\,812.807 \quad [\Omega] \tag{2.18}$$

が決められた．これを**量子ホール抵抗標準**という．量子ホール抵抗標準の安定度・再現性もジョセフソン電圧標準と同様に 10^{-8} 以上である．

ジョセフソン電圧標準と量子ホール抵抗標準を合わせれば，10^{-8}（8 桁）以上の安定度・再現性を持つ電流の標準ができる．しかしこれは，その電流の標準の絶対値が図 2.3 の意味で長さ，質量，時間の標準および真空の透磁率と 10^{-8} 以上の精度で整合性を持っていることを意味してはいない．この整合性は，SI 単位における経路に従って決められた標準の精度 10^{-7}（7 桁）以下に抑えられている．ただし，長さ，質量，時間の標準との整合性を問題とせずに，電気に関連した量の測定だけを行う場合には，10^{-8} 以上の安定度・再現性が

そのまま有効なものとなる．

談　話　室

真の値　ここで，われわれは次のような問いに答える準備ができた．

「真の値は本当に存在するのか．」

既に1.3節で説明したように，真の値とは，測定量が単位の何倍であるのかを示す値である．しかし，単位の定義が完全に一義的なものであるとは限らない．例えば，SI単位の七つの基本量において，最も精度のよい標準が実現できる時間の単位（秒）の定義においても，10^{-14}以上のレベルでは，セシウム133の二つの超微細準位の間の遷移がどの程度安定で再現性があるのかは明らかではない．

更に多くの一般的な測定量は，単位の定義のみならず量の定義にあいまいさを持っており，「定義の不確かさ」とでもいうべきものが必ず存在する．それによって，真の値そのものが不確かさを持っている．しかし通常は，標準の誤差と測定における誤差の大きさが，定義の不確かさよりもはるかに大きいので，実際上，測定において真の値の存在を仮定することができるのである．

2.2.3 校正とトレーサビリティー

これまでの説明で，単位の定義とそれを具体化した標準を用意すれば，不確かさの範囲内で信頼できる測定が保証されることが分かった．しかし，すべての測定において標準を用意するのは困難であり，経済的にも問題がある．そこで，ある組織において共通の標準を作り，その標準により**計測機器**（測定器，標準器など）の示す値を決めることが行われる．実際には，標準により定期的に計測機器の指示値を修正する．このような修正を**校正**（calibration）という．

基本的な標準，例えばSI単位の七つの基本単位に関する標準などは，**図2.10**に示すように，国の標準（national standard，**国家標準**）を準備し，**国際比較**（international inter-comparison）を行う．国全体のすべての計測機器を一つの標準で校正することは不可能であるから，一定の組織で**実用標準**（working standard）を用意し，国家標準による校正を受けて，計測機器を校正する．実用標準としては，標準電池，標準抵抗器，ブロックゲージ（block gage）などがある．

この場合，計測機器から見ると，上位の標準による校正を順次受けて，最終的には基本単位の標準と結びついていることになる．ある量に関して，基本単位の標準と結びついた最上

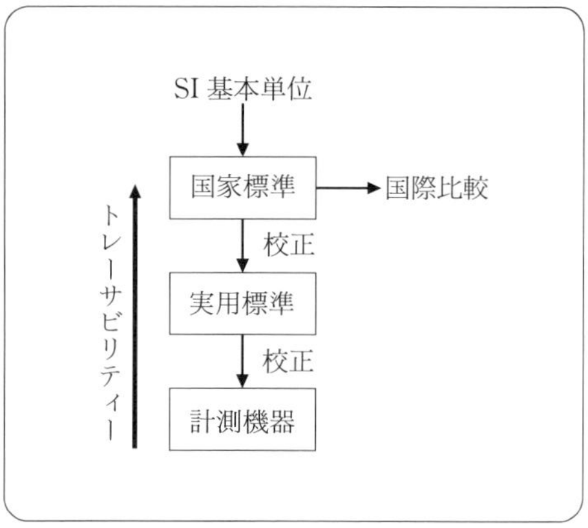

図 2.10　校正とトレーサビリティー

位の標準を**一次標準**（primary standard）という．例えば，直流電圧の一次標準はジョセフソン電圧標準である．計測機器の指示値が校正によって一次標準と結びついていることを**トレーサビリティー**（traceability）という．トレーサブル（traceable）とは，「経路をたどることができる」という意味である．

談　話　室

キログラムの標準　SI 単位における基本量のうち，MKSA 有理単位系の基本量である時間，長さ，質量，電流の単位と標準を**表 2.5** のように整理してみよう．

表 2.5

単　位	定義の等価表現	標　準	
1 秒	$f_0 = 9.192\,631\,770$ 〔GHz〕	セシウム原子時計	
1 メートル	$c_0 = 2.997\,924\,58 \times 10^8$ 〔m/s〕	レーザ干渉計	
1 キログラム	原器の質量	キログラム原器	
1 アンペア	$\mu_0 = 4\pi \times 10^{-7}$ 〔H/m〕	電流天秤など	ジョセフソン電圧 量子ホール抵抗

これを見ると，質量の単位キログラムの定義は，その普遍性が時間，長さ，電流に比べて明らかに劣っている．事実，国際キログラム原器の質量は，表面に吸着するガスなどの影響により，少しずつ増加するので，定期的に洗浄する必要がある．1988 年の洗浄の際には，質量は約 60 μg 減少したという．このことから，キログラムの定義をより普遍的なものにするために，新しい定義とそれに基づく標準の研究が進められている．

本章のまとめ

❶ **基本量**　物理量の単位を決めるための基本となる量

❷ **基本単位**　基本量の単位

❸ **組立単位**　基本単位から組み立てた単位

❹ **単位系**　基本単位と組立単位によって構成された単位の定義に関する体系

❺ **国際単位系**　MKSA 有理単位系を基礎とし，実用的な面を考慮して構成された単位系

❻ **SI 単位**　国際単位系における単位

❼ **補助単位**　SI 単位における平面角の単位ラジアンと立体角の単位ステラジアン

❽ **接頭語**　10 の整数乗倍を表す SI 単位における記号

❾ **一貫性のある単位系**　組立単位を係数なしで基本単位の乗除から組み立てる単位系

❿ **量子電気標準**　物質の量子現象を利用した電気に関連する量の標準

⓫ **ジョセフソン電圧標準**　ジョセフソン効果を用いた電圧の量子電気標準

⓬ **量子ホール抵抗標準**　量子ホール効果を用いた抵抗の量子電気標準

⓭ **校正**　標準により計測機器の指示値を修正すること

⓮ **トレーサビリティー**　計測機器の指示値が校正によって一次標準と結びついていること

⓯ **真空中の光の速さの定義**　$c_0 = 2.997\,924\,58 \times 10^8$ 〔m/s〕

⓰ **真空の透磁率の定義**　$\mu_0 = 4\pi \times 10^{-7}$ 〔H/m〕

⓱ **周波数と波長の関係**　$\lambda = \dfrac{c_0}{f}$

●理解度の確認●

問 2.1　MKSA 有理単位系において，電荷に関するクーロンの法則の定数 α の次元式を書け．

問 2.2　静電容量の単位ファラド（F）を SI 基本単位で表せ．

問 2.3　SI 基本単位である単位 A（アンペア）の定義は，真空の透磁率 μ_0 に独立な単位を認め，その大きさを $\mu_0 = 4\pi \times 10^{-7}$ と決めることと等価であることを示せ．

問 2.4　SI 単位において，真の値が確定している量を三つあげよ．

問 2.5　2018 年 11 月 16 日，国際度量衡総会は SI 基本単位の定義（本書表 2.2 の要約を参照）を全面的に改定することを決議し，実際に 2019 年（令和元年） 5 月 20 日に移行された．改定された七つの基本単位の新定義を読むと，本書の内容に直接関係するメートル，キログラム，秒，アンペアという四つの単位の中で，秒とメートルは，表現の変更のみで，表 2.2 の要約と本質的な違いはない．

一方，質量の単位キログラムの定義は，130 年ぶりの歴史的な大転換があった．「国際キログラム原器の質量」という人工物による定義を廃止し，プランク定数 h（29 ページおよび 154 ページ参照）の数値を定め，周波数 ν の光子 1 個のエネルギー $h\nu$ と等価なエネルギー $E = mc_0^2$ となる質量 m をもとに定義された．

電磁気計測にとって，最も関連があるアンペアも，「平行 2 線の間に働く力」に基づく定義を廃止し，電子 1 個の電荷の数値を定め，1 秒ごとに 1 クーロンの電荷を運ぶ電流を 1 アンペアと定義した．これらによって，メートル，キログラム，秒，アンペアの各基本単位の定義は普遍的な物理定数を介した相互依存性がより明確になった．

上記の基本単位の新定義から，量子電気標準は当面どのような構成となるのか考えてみよ．　(2019.5.21)

3

直流電圧・直流電流・直流電力の測定

直流電圧，直流電流などの測定は，すべての電気関連量に関する測定の基本であり，重要である．例えば，交流電流や交流電圧の測定は，整流回路により直流に変換して測定されることが多い．可動コイル形直流電流計は，整流形交流電流計を構成するためによく使われる．本章で詳しく学ぶ電流計や電圧計の内部抵抗に起因する負荷効果による系統誤差は，交流の測定においても発生し，抵抗をインピーダンスに置き換えれば同じように考えることができる．誤差伝搬の法則などを利用した間接測定における誤差評価の方法も，基本的には，各種電磁気量の測定において共通である．

3.1 計測機器

代表的なアナログ指示計器である可動コイル形直流電流計の構造と動作原理，分流器を用いた測定範囲の拡大，電流計を用いた電圧計の構成と倍率器による測定範囲の拡大，アナログおよびディジタル電子電流計，標準電池などの電圧標準器について学ぼう．

3.1.1 アナログ指示計器

アナログ指示計器は，指針の振れによって測定値を指示する計器であり，直流電圧・電流を測定するために古くから使用されてきた**電気計器**（electrical instrument）の一つである．アナログ指示計器は，3.1.3 項で述べるディジタル測定器の登場により，実験室では使用することが少なくなっている．しかし，センサ，データ処理，表示の機能をその中にすべて持っており，計測システムを理解するには格好の教材である．アナログ指示計器には，**表 3.1** のように多くの種類があるが，**図 3.1** に示すような構造の可動コイル形電流計が最も広く用いられている．

表 3.1　アナログ指示計器

種　類	駆動力または動作原理	主な測定量	特　徴
可動コイル形	電流が流れる可動コイルが永久磁石による磁界から受ける電磁力	直流電流	高感度
電流力計形	可動コイル形計器の永久磁石を固定コイルに置き換えたもの	直流電流 交流電流	交直両用
可動鉄片形	鉄片が固定コイルから受ける力	交流電流	外部磁界の影響を受けやすい
熱電形	抵抗で発生する熱を熱電対で電圧に変える	交流電流 交流電力	波形によらず実効値を指示する
静電形	二つの電極に作用する静電力	直流電圧 交流電圧	交直両用

原理は，電流の流れているコイルが磁界により電磁力を受けて回転することを利用しており，この力が指針を動かす**駆動力**となり，電流センサの役割を果たしている．指針及び目盛

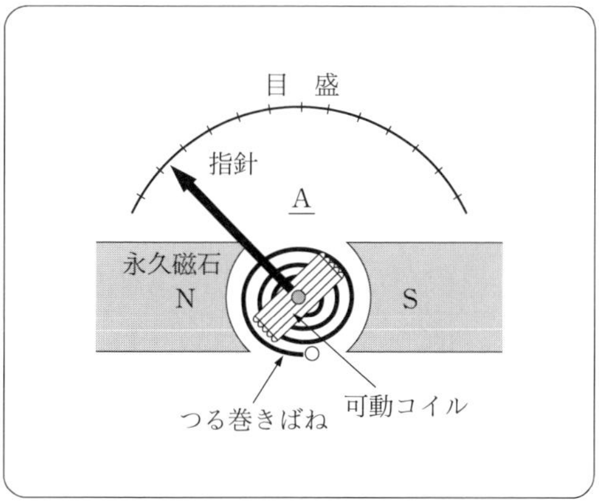

図 3.1 可動コイル形電流計の構造

は測定値を指示するアナログ表示装置である．指針は電流の大きさに比例した一定の位置で止まらなければならない．このため，可動コイル形電流計では図 3.1 に示したような「つる巻きばね」などによって駆動力と反対方向の**制御力**を作り，軸を回転させる駆動力とバランスさせる．

駆動力と制御力だけでは，回転軸に取り付けられた指針が振動してしまうので，ブレーキをかけるため，摩擦などによる**制動力**が必要である．制動力を付加するために，可動コイル形電流計では主として**電磁制動**が用いられる．電磁制動は，**図 3.2** のようなアルミニウム製の可動コイルの枠が磁界中を運動することによって発生する．すなわち，アルミニウム枠が磁界中を移動すると，発電機と同じ原理で枠に電流が流れ，移動方向と逆の力が枠に加わる．

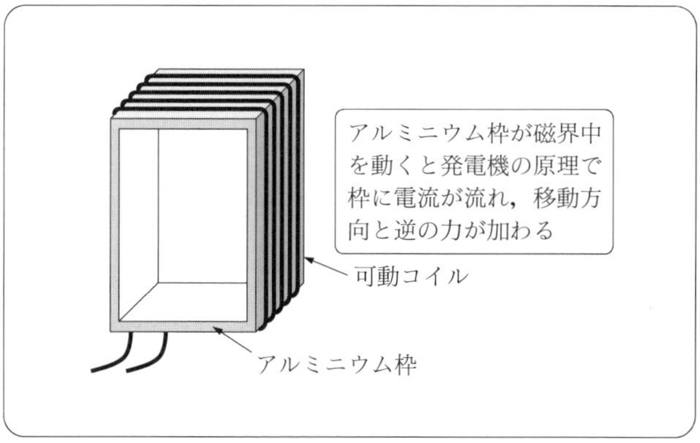

図 3.2 電磁制動用のアルミニウム枠

図 3.3 に示すように，ある瞬間 t_0 から一定の大きさを持つ電流を可動コイル形電流計に流したとき，制動力が小さすぎると，指針は図(a)のように振動する．これを**不足制動**

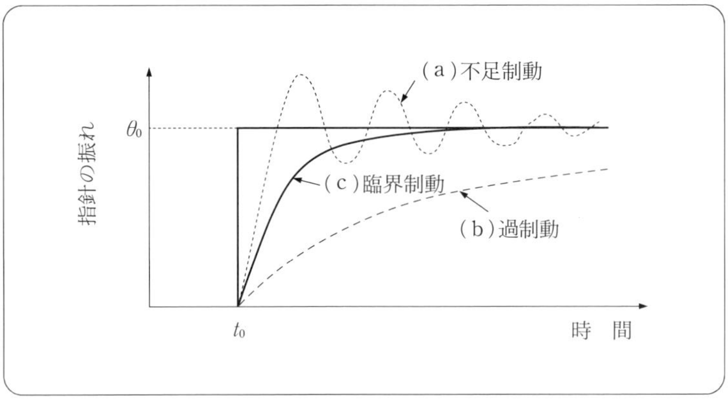

図 3.3　可動コイル形電流計のステップ応答

(underdamping) の状態という．反対に，制動力が大きすぎると**過制動** (overdamping) の状態となり，指針は図(b)のように，駆動力と制御力がバランスし定常状態に達するまでに長い時間がかかる．制動力を適切な大きさに設定すると，図(c)のように振動しないで最短の時間で定常状態 θ_0 に達する．これを**臨界制動** (critical damping) の状態という．このようにある瞬間から一定の大きさを持つ電流を流したときの指針の動きを**電流計のステップ応答** (step response) という．

制動力は，機械的な構造とコイル自身の電気抵抗，電流計の端子に接続された外部の電気抵抗などによって決まる．可動コイル形電流計は，これらのパラメータを調整して臨界制動の条件を満足するように設計する．制動力があるために，可動コイル形電流計は電流の速い変化には追従できない．これは欠点とも思われるが，高い周波数成分を持つ外来ノイズをカットする**低域フィルタ** (low-pass filter) の役割を果たし，一種のデータ処理あるいは信号処理の機能を持っていることになる．

可動コイル形電流計は，アナログ指示計器の中では比較的感度がよく，1 μA 以下の微小な電流の測定も可能である．ただし，感度の高い電流計を作るには，小さな電流で大きな駆動力を発生させるため，可動コイルの巻数を多くしなければならない．この結果，コイルの導線の抵抗（電流計の内部抵抗）が大きくなる．例えば，測定可能最大値（**定格値**）が 1 μA の電流計では，内部抵抗は数 kΩ にも達する．測定対象となる回路に影響を与えないためには，内部抵抗はできるだけ小さい方がよく，理想的な電流計の内部抵抗は 0 である．

定格値よりも大きな電流を測定したい場合は，**図 3.4** に示すように，入力端子に並列に抵抗 r を接続して電流を分流し，測定可能範囲を拡大する．この抵抗 r を**分流器** (shunt，シャント抵抗) という．

図 3.4 で，R_A は電流計 A の内部抵抗であり，電流計から抜き出して直列回路として書いている．その代わり，電流計本体の内部抵抗は 0 と考えるが，外部から見た電流計の動作は

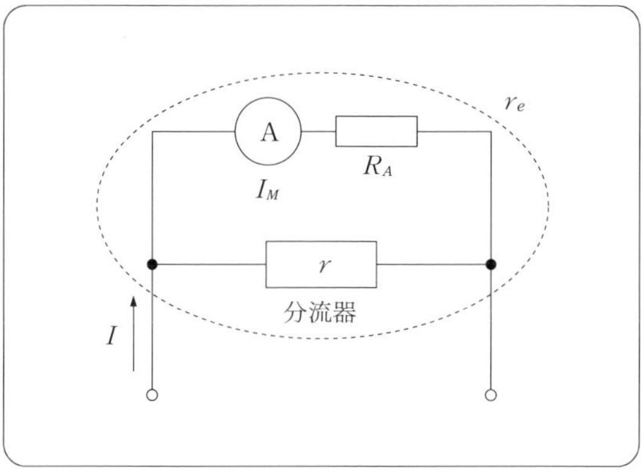

図 3.4　分流器による測定可能範囲の拡大

同じである．このように，外部から見て同じ動作をする回路を**等価回路**（equivalent circuit）という．電流計の定格値を I_M とし，分流器 r を付けることにより I まで測定可能範囲を拡大したければ，必要な電流倍率 M は

$$M = \frac{I}{I_M} \tag{3.1}$$

となる．このとき，分流器の抵抗値 r は，図 3.4 から

$$r = \frac{R_A}{M - 1} \tag{3.2}$$

となる．分流器を付けた電流計は，全体で測定可能範囲が拡大された新しい電流計と考えることができる．この新しい電流計の内部抵抗を**等価内部抵抗**（equivalent internal resistance）という．この場合の等価内部抵抗 r_e は，図 3.4 から

$$r_e = \frac{R_A}{M} \tag{3.3}$$

である．

簡易的な電圧・電流・抵抗などの測定器であるアナログ形の**テスタ**（tester，**回路計**）などに応用する場合には，複数の分流器を切り換え，**多レンジ電流計**（multi-range ammeter）を構成する．この場合，**図 3.5** のような回路が考えられるが，この回路は以下の二つの欠点を持っている．一つは，スイッチを切り換える瞬間に分流器が接続されていない開放状態となることである．これにより，電流計が焼損するおそれがある．もう一つは電流計の端子 a–a′から見た外部の抵抗値が大きく変化することである．これによって臨界制動条件が崩れる．

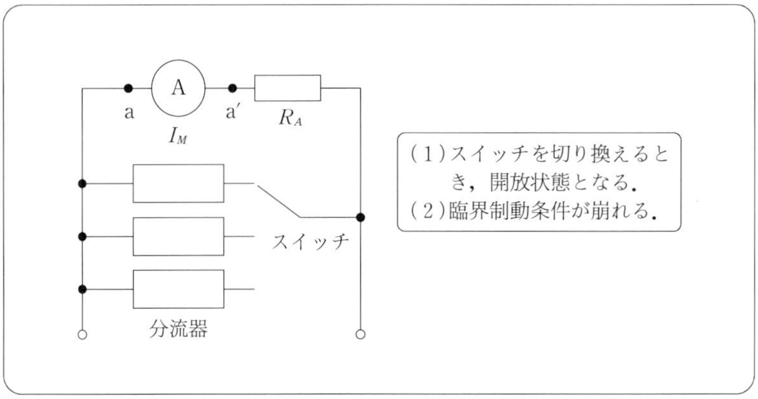

図 3.5　分流器を用いた多レンジ電流計の構成例

そこで，実際には，**図 3.6** のような回路構成がとられる．この回路は，**エアトン分流器**（Ayrton shunt）と名付けられている．エアトン分流器では，図 3.5 の二つの欠点が解消されている．エアトン分流器の動作を理解し，回路設計を行うために**図 3.7** の基本回路について考えてみる．この図で，α は分流器全体の抵抗 r の分割係数であり，左側の抵抗分が

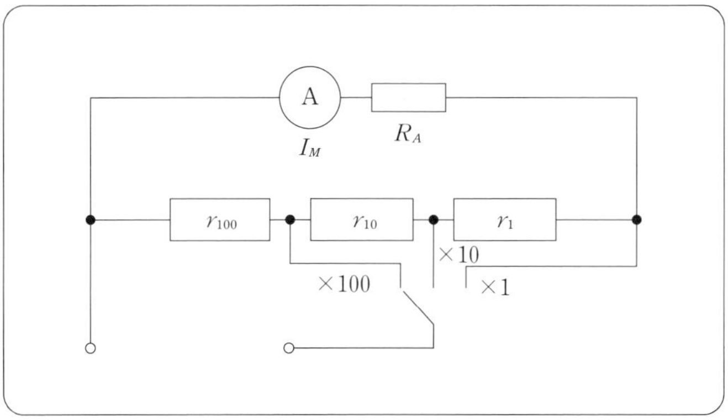

図 3.6　エアトン分流器による多レンジ電流計

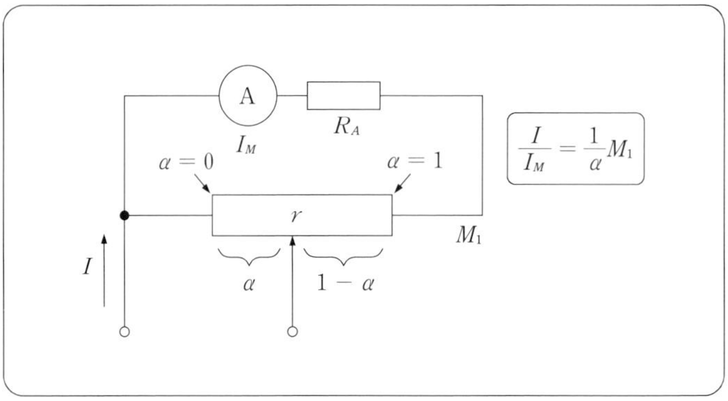

図 3.7　エアトン分流器の原理

αr，右側の抵抗分が $(1-\alpha)r$ となる．このとき，電流倍率は

$$\frac{I}{I_M}=\frac{1}{\alpha}M_1 \tag{3.4}$$

となる．ここで，M_1 は $\alpha=1$ の状態に対する電流倍率である．この式から，$\alpha=1$ の状態を基準として順次，分割係数を考えていくことにより，図3.6に示したエアトン分流器構成の多レンジ電流計を設計することが可能である．

例題 3.1　定格値 $I_M=100\,\mu\text{A}$，内部抵抗 $R_A=900\,\Omega$ の電流計を用いて，1 mA，10 mA，100 mA の電流 I が測定できる多レンジ電流計を設計せよ．

解答　図3.6の回路を設計する．

（1）　まず，最小レンジ（1 mA）に対する電流倍率 M_1 を求める．

$$M_1=\frac{1\,\text{mA}}{100\,\mu\text{A}}=10 \tag{3.5}$$

（2）　これに対応する分流器全体の抵抗 $r=r_{100}+r_{10}+r_1$ は

$$r=\frac{R_A}{(M_1-1)}=\frac{900\,\Omega}{9}=100\ [\Omega] \tag{3.6}$$

（3）　最大レンジ（100 mA）の抵抗 r_{100} は，式(3.4)を利用して

$$r_{100}=\frac{r}{100}=1\ [\Omega] \tag{3.7}$$

（4）　10 mA の抵抗 r_{10} を求める．

$$r_{100}+r_{10}=\frac{r}{10} \tag{3.8}$$

$$r_{10}=\frac{r}{10}-\frac{r}{100}=9\ [\Omega] \tag{3.9}$$

（5）　1 mA の抵抗 r_1 を求める．

$$r_1=r-\frac{r}{10}=90\ [\Omega] \tag{3.10}$$

電流計では，流れる電流と内部抵抗の両端の電圧は比例するから，電流計はそのままで，電圧計とみることもできる．しかし，電流計と逆に，電圧計の内部抵抗は大きいほどよく，理想的な電圧計の内部抵抗は無限大である．そこで，電流計を用いて電圧計を構成するには，**図3.8**のように，電流計と直列に抵抗 R を入れる．この抵抗を**倍率器**（multiplier）という．

定格電流 I_M に対する内部抵抗 R_A の両端の電圧を $V_M=R_AI_M$ とし，測定すべき電圧の最大値を V とすれば，必要な電圧倍率 N は

$$N=\frac{V}{V_M} \tag{3.11}$$

である．このとき，倍率器の抵抗値 R は，図3.8から

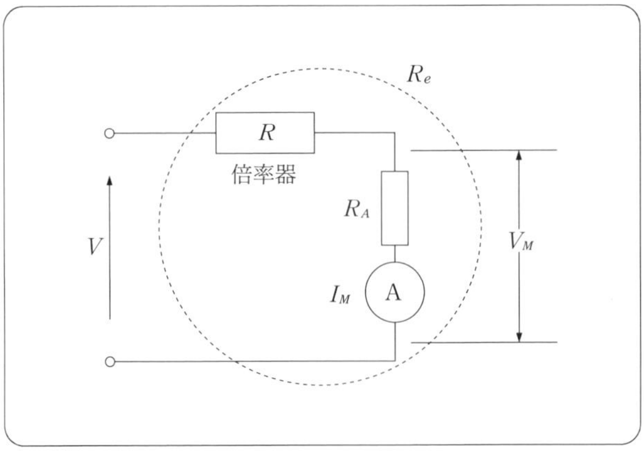

図 3.8　電流計と倍率器による電圧計の構成

$$R = (N - 1)R_A \tag{3.12}$$

となる．この電圧計の等価内部抵抗 R_e は，図 3.8 から

$$R_e = NR_A \tag{3.13}$$

である．倍率器によって等価内部抵抗を大きくした電圧計の等価回路は，**図 3.9** のように並列回路で表現される．

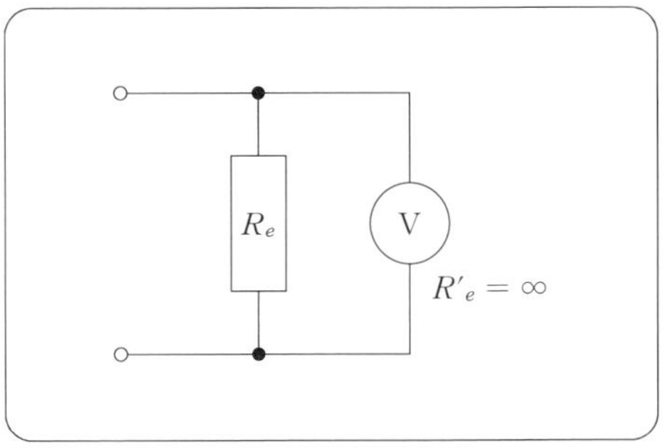

図 3.9　電圧計の並列等価回路

この等価回路では，理想化した電圧計の内部抵抗は無限大（$R'_e = \infty$）である．

テスタなどのための多レンジ電圧計は，**図 3.10**(a)または(b)の回路によって実現できる．

例題 3.2　定格値 $I_M = 100\ \mu\mathrm{A}$，内部抵抗 $R_A = 1\ \mathrm{k\Omega}$ の電流計を用いて，1 V，10 V，100 V が測定できる図 3.10(b)の多レンジ電圧計を設計せよ．

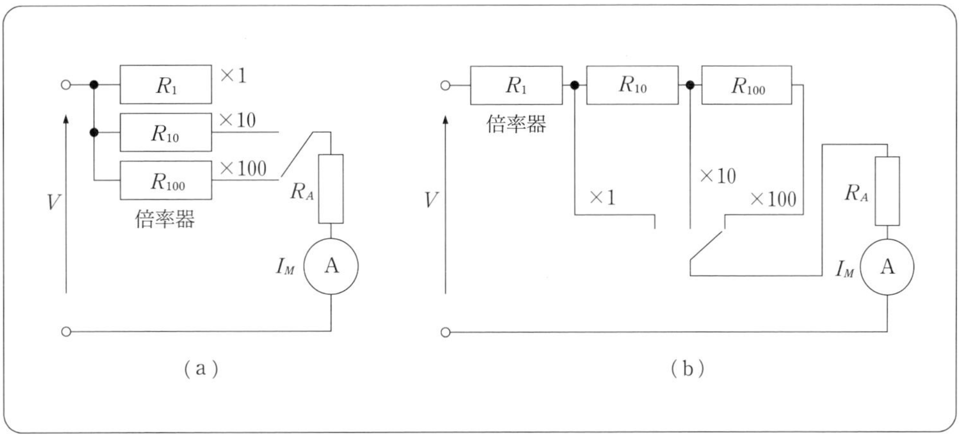

図 3.10　倍率器を用いた多レンジ電圧計の構成例

解答　×1 を 1 V, ×10 を 10 V, ×100 を 100 V に対応させて設計する．1 V，10 V，100 V に対する電圧倍率をそれぞれ N_1，N_{10}，N_{100} とすれば式(3.14)の関係が成り立つ．

$$\left.\begin{aligned} R_1 &= (N_1 - 1)R_A \\ R_{10} &= (N_{10} - N_1)R_A \\ R_{100} &= (N_{100} - N_{10})R_A \end{aligned}\right\} \tag{3.14}$$

したがって，$R_1 = 9\ \mathrm{k\Omega}$，$R_{10} = 90\ \mathrm{k\Omega}$，$R_{100} = 900\ \mathrm{k\Omega}$ となる．

3.1.2　アナログ電子電圧・電流計

式(3.11)，(3.13)から明らかなように，微小電圧を測定したい場合に，倍率器によって等価内部抵抗を大きくすることは困難である．そこで，**図 3.11** に示すように，例えば可動コ

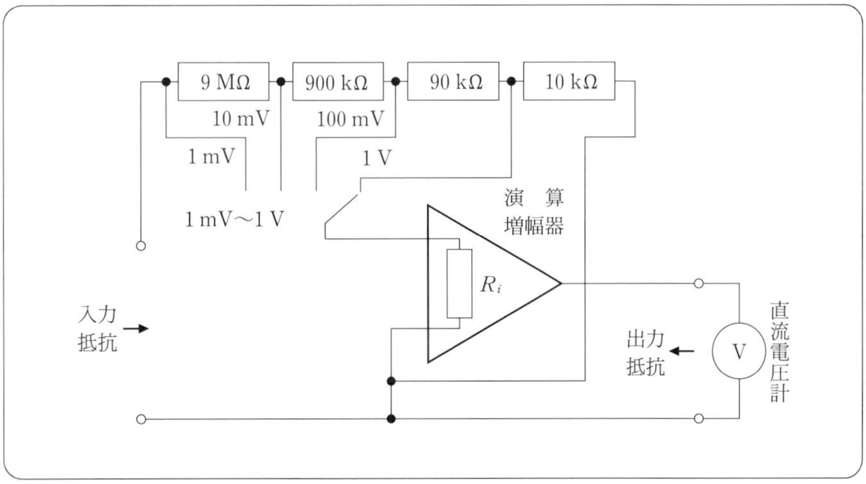

図 3.11　アナログ電子電圧計の例

イル形電流計で構成した直流電圧計の前段に増幅器を用いる．このような電圧計を**アナログ電子電圧計**という．増幅器を用いた電圧計では，入力端子から電圧計を見た抵抗を等価内部抵抗といわず，**入力抵抗**（input resistance）というのが普通である．

図の例では，抵抗分圧器により，1 mV から 1 V までの多レンジ電圧計となっている．分圧器全体の抵抗値は 10 MΩ であるから，増幅器本体の内部抵抗 R_i は 10 MΩ よりも十分大きくなければならない．このような増幅器としては，電界効果トランジスタ（field-effect transistor：FET）を入力段に用いた**演算増幅器**（operational amplifier）がある．増幅器の内部抵抗が分圧器全体の抵抗よりも十分大きければ，外部から見たこの電圧計全体の入力抵抗は 10 MΩ である．一方，増幅器の出力端子から増幅器を見た抵抗（output resistance，**出力抵抗**）は，直流電圧計の内部抵抗よりも十分小さくなければならないが，演算増幅器ではこの条件は通常満たされる．

図 3.12 に示すように，抵抗で電流を電圧に変換し，演算増幅器を用いると，入力抵抗の小さいアナログ電子電流計が構成できる．アナログ電子電圧計と同様，FET を入力段に用いた演算増幅器を用いれば，この電流計全体の入力抵抗は電流電圧変換回路の各レンジにおける抵抗値にほぼ等しくなる．この例では，演算増幅器への最大入力電圧をすべて 1 mV としている．

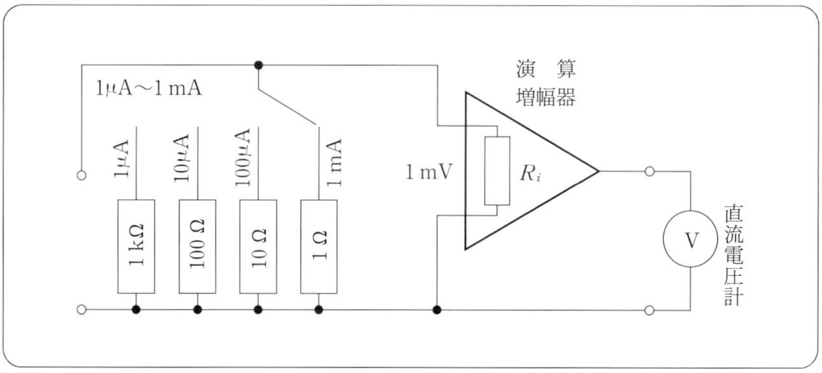

図 3.12　アナログ電子電流計の例

実際には，図 3.11 と図 3.12 の増幅器および指示計器を共通とし，アナログ電子電圧電流計として構成されることが多い．

入力抵抗をより小さくし，かつ高感度な電流計とするには，**図 3.13** のように，演算増幅器を用いて電流電圧変換を行う．演算増幅器本体の電圧増幅度は，10^6 程度と非常に大きい．例えば，出力電圧が 10 V のとき，入力電圧は 10^{-5} V と極めて小さい電圧で動作している．したがって，内部抵抗 R_i の両端の電位差は小さく，通常＋と－の入力端子間の電圧を 0 V とみなして設計を行う．これを**イマジナリーショート**（imaginary short，**仮想短絡**）

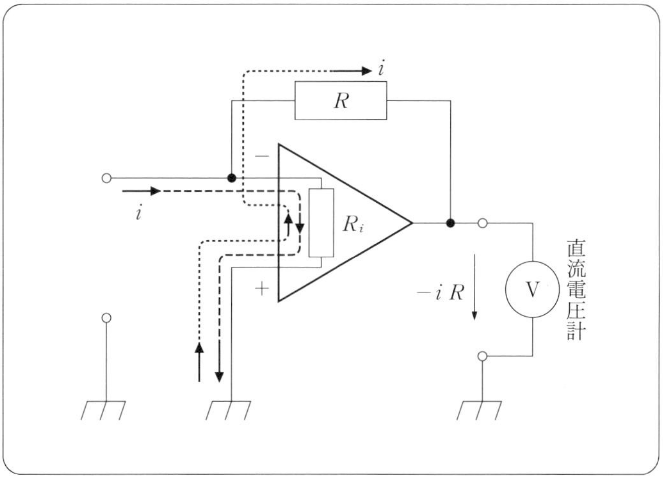

図 3.13 演算増幅器で電流電圧変換を行うアナログ電子電流計

という．図 3.13 の電流電圧変換回路において，破線のような電流 i が−の端子から内部抵抗 R_i を通って接地された＋の端子に流れるものとする．このとき，内部抵抗の両端の電位差を 0 とするには，点線のような逆向きの電流 i が＋の端子から抵抗 R を通して出力端子に流れなければならない．したがって，出力電圧は $-iR$ となり，出力電圧は入力電流 i に比例する．

3.1.3 ディジタル電圧計・ディジタル電流計

電圧や電流の測定値をディジタル信号に変換すればコンピュータを用いて種々の処理や計算を行うことができる．また，有効桁数の多い測定結果を表示することができ，アナログ表示に比べて読み取りの個人差がないなどの利点がある．ディジタル電子電圧・電流計は，アナログ出力をディジタル変換（analog-to-digital conversion，**A-D 変換**）することで構成できる．A-D 変換は，基本的には被測定電圧であるアナログ入力電圧と，そのディジタル量に対応する出力電圧を比較することにより行う．

ディジタル電子電圧・電流計では，ノイズに強い測定を行うために，測定信号を積分する方式の A-D 変換が用いられる．よく使われるのは**図 3.14** に示すような**二重積分形（デュアルスロープ積分方式）**の **A-D 変換**である．被測定電圧 V_X を積分回路に入力して一定時間 T_1 だけ積分し，その後，基準電圧 V_S を同じ積分回路に入力して出力が 0 V になるまで積分する．基準電圧 V_S に切り換えてから 0 V になるまでの時間を T_2 とすれば，$V_X T_1 = V_S T_2$ であるから

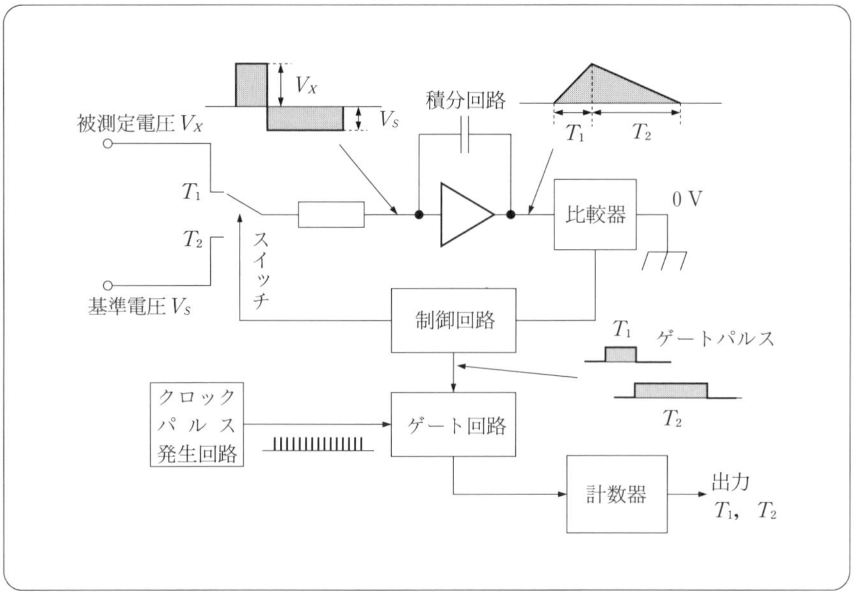

図 3.14　二重積分形 A-D 変換器を用いたディジタル電子電圧計

$$V_X = \frac{T_2}{T_1} V_S \tag{3.15}$$

によって被測定電圧が計算でき，**ディジタル電子電圧計**（digital voltmeter）となる．T_1 と T_2 は，それぞれの時間幅を持つ方形のゲートパルスと，既知の正確な時間間隔を持つクロックパルスを作成することにより測定する．すなわち，これらのゲートパルスとゲート回路によってクロックパルスを T_1 あるいは T_2 だけ通過させ，通過したクロックパルスの数を**計数器**（counter，**カウンタ**）で測定する．クロックパルスの時間間隔は分かっているので，これにより T_1 と T_2 が測定できる．

ディジタル電子電流計は，図 3.13 に示した電流電圧変換回路を用いることによって同様に構成できる．直流抵抗も，抵抗を流れる電流と両端の電圧により測定できるから，電圧，電流，抵抗を測定する回路構成は共通の部分が多くなる．このため，1 台で電圧，電流，抵抗を測定できるようにしたディジタル計測器が市販され広く使用されている．これを**ディジタルマルチメータ**（digital multi-meter）という．

3.1.4　電圧の標準器

既に 2 章で説明したように，直流電圧の一次標準としてジョセフソン電圧標準がある．しかし，ジョセフソン電圧標準は大規模なシステムであり，一般の計測機器を校正するためにはあまり用いられない．実用標準としては，図 3.15 の**ウエストン標準電池**（Weston's

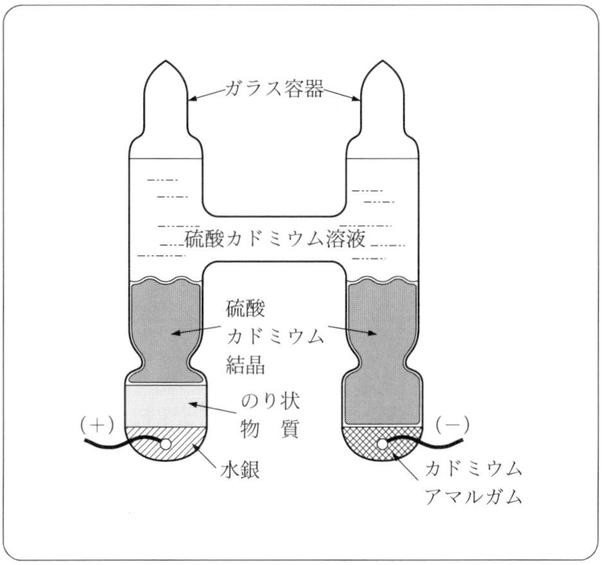

図 3.15　ウエストン標準電池

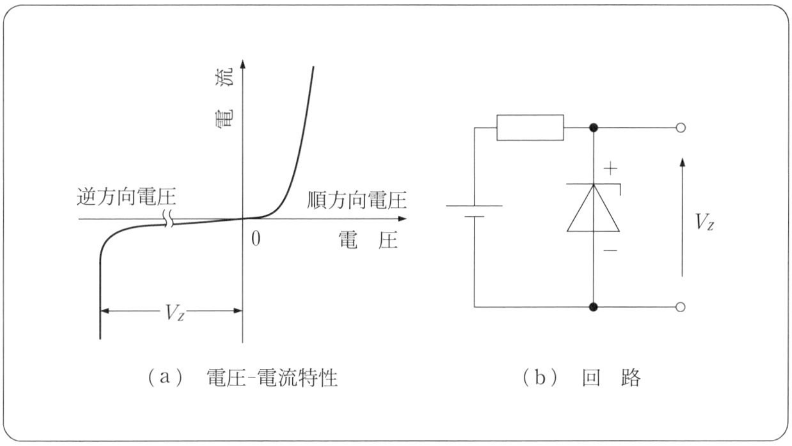

図 3.16　ツェナーダイオードによる標準電圧の発生

standard cell）と**図 3.16** の**ツェナーダイオード**（Zener diode）を用いた標準電圧発生器がある．ウエストン標準電池は，約 1.018 V の起電力を持っている．この起電力は，取り扱いに注意すれば高い安定度が得られるので，ジョセフソン電圧標準が登場する前は複数個を組み合わせ，一次標準として用いられていた．しかし，取り出せる電流が非常に小さいなどの問題があるので，現在では実用標準として，ツェナーダイオードによる標準電圧発生器が広く用いられている．

図 3.16 に示したように，ツェナーダイオードに，ある大きさ以上の逆方向電圧を加えると，急に電流が増加し，ダイオード両端の電圧は一定値 V_Z となる．この電圧を**降伏電圧**

(breakdown voltage) という．標準電圧発生器は，この降伏電圧 V_Z を増幅器で増幅し，出力電圧を可変できるようにしたものである．

3.2 測定法と測定系

回路に流れる電流を測定するためには，単に電流計を挿入すればよいのであろうか．電圧を測定するために，電圧計を接続したら，どのような問題があるのか．電流計や電圧計には内部抵抗があり，負荷効果によって系統誤差が発生する．

3.2.1 電流の測定

電圧源（voltage source），**電流源**（current source）などの直流電源と抵抗からなる**図 3.17**(a)の回路において，端子 a-b 間を流れる電流 I を測定するために，図(b)のように a-b 間に電流計を挿入する場合について考える．**テブナンの定理**（Thévenin's theorem，または**テブナン–鳳（ほう）の定理**）によれば，直流電源と抵抗からなる任意の回路は，図(c)のように電圧源と等価内部抵抗の直列回路（**テブナン等価回路**）で表すことができる．

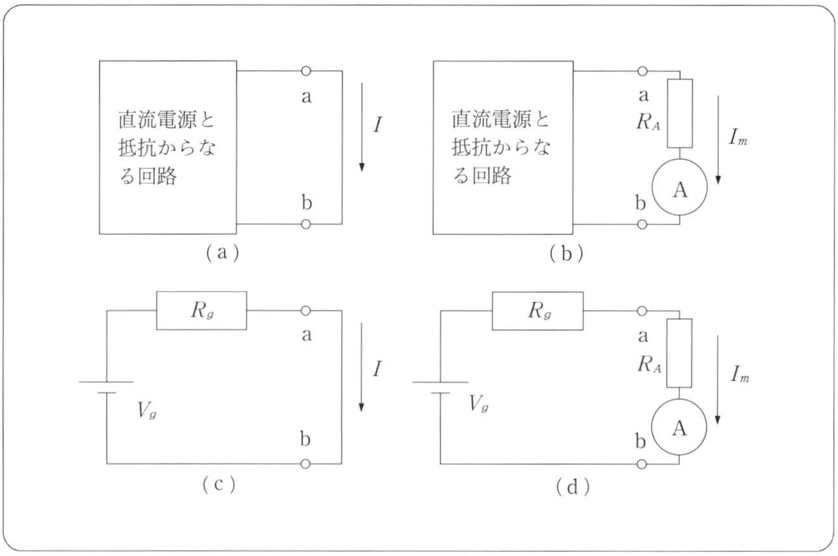

図 3.17　直流電流の測定

一方，内部抵抗 R_A を持つ電流計は，図(d)のように内部抵抗が 0 の理想的な電流計と，内部抵抗と等しい値を持つ抵抗 R_A の直列等価回路で表すことができる．

テブナン等価回路の電圧源の起電力の大きさを V_g，等価内部抵抗を R_g とすれば，測定すべき電流 I は

$$I = \frac{V_g}{R_g} \tag{3.16}$$

であるが，電流計の指示値 I_m は

$$I_m = \frac{V_g}{R_g + R_A} \tag{3.17}$$

である．これらの式から，電流計の指示値から測定したい電流値を求めるための式（**測定方程式**）は

$$I = \left(1 + \frac{R_A}{R_g}\right) I_m \tag{3.18}$$

となる．したがって，I を正確に求めるためには R_A と R_g の両方を測定する必要がある．

談 話 室

テブナンの定理を用いた等価電圧源の計算法　理想的な直流電圧源は，外部にどのような負荷抵抗が接続されても，一定の起電力が維持される直流電源である．しかし，現実に存在する電源では，接続される負荷抵抗の値が小さくなると起電力が低下してくる．このような現実の電源は，起電力 V_g の理想的な電圧源と内部抵抗 R_g が直列に接続された**図 3.18** の回路モデルで表すことができる．

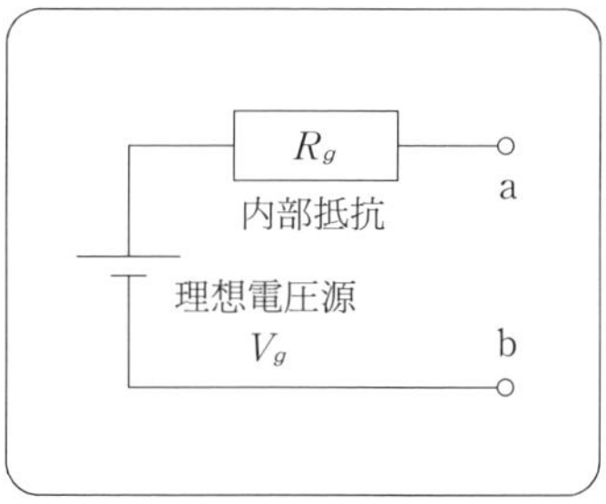

図 3.18　電圧源の回路モデル

理想的な電圧源と抵抗からなる任意の回路に対し，テブナンの定理を用いて，等価電圧源の起電力と内部抵抗を計算するには，次のようにすればよい．

（1）　出力端子 a-b の開放電圧を計算し，その電圧を等価電圧源の起電力 V_g とする．

（2）　理想的な電圧源を取り除いてその部分を短絡する．

（3） この状態で，出力端子 a-b から見た抵抗を計算する．その抵抗を等価内部抵抗 R_g とする．

例えば，**図 3.19**（a）の回路に以上の手続きを行うと図（b）のようになる．

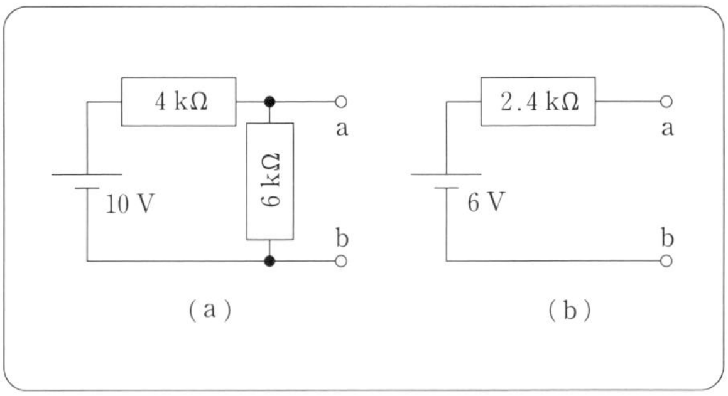

図 3.19 テブナンの定理を用いた等価電圧源の計算例

電流計の内部抵抗は 4 章で述べる通常の直流抵抗の測定法によって求めることができるが，電圧源の等価内部抵抗 R_g を測定するためには工夫が必要である．一つの方法としては，電圧計を用い，その等価内部抵抗を変化させる方法がある．例えば，**図 3.20** のように，内部抵抗が極めて大きく無限大とみなせる電圧計を電圧源に接続すれば，電圧計の指示値 V_0 は起電力 V_g に等しくなる．次に，抵抗 R を電圧計に並列に接続すれば，電圧計の指示値 V は

$$V = \frac{R}{R + R_g} V_0 \tag{3.19}$$

となるから，R_g は式(3.20)で計算することができる．

$$R_g = \frac{V_0 - V}{V} R \tag{3.20}$$

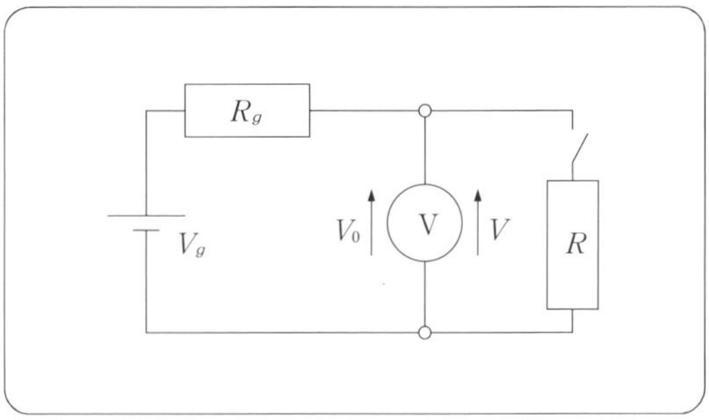

図 3.20 電圧源の等価内部抵抗の測定回路

ただし，この方法で等価内部抵抗 R_g を精度よく測定するためには，R_g が小さい場合，R_g と同程度の小さな抵抗値を持つ R を接続する必要があり，大きな電流が流れて起電力 V_g 自体が変化する可能性がある．反対に R_g が大きい場合，電圧計の内部抵抗が無限大という仮定が成り立たなくなる．このように，電圧源の等価内部抵抗の正確な測定はかなり難しい．

そこで，以下の三つの場合について，誤差を考えてみる．

① R_A の存在を無視し，電流計の指示値をそのまま測定値とする．

このとき，相対誤差は

$$\frac{\Delta I}{I} = \frac{I_m - I}{I} = \frac{-R_A}{R_g + R_A} \tag{3.21}$$

となる．式(3.21)で表された誤差は，電流計の内部抵抗によって発生した系統誤差である．このような誤差が発生することを，**負荷効果**（loading effect）という．$R_A = 0$ ならば，誤差は当然ない．分子の負号は，R_A の存在により実際の値よりも小さな値が測定されてしまうことを示している．これは系統誤差であるから，R_A と R_g とを測定すれば補正が可能である．

② I を求めるために式(3.18)の測定方程式を利用するが，電流計の指示値 I_m に誤差限界率（または，相対誤差限界）$\varepsilon_m/|I_m|$ が，R_A と R_g の測定値にも，それぞれ ε_A/R_A と ε_g/R_g の誤差限界率がある（本書における誤差限界率，相対誤差限界の定義については，1章の例題1.1を参照）．

1.3.4項で述べた間接測定の誤差評価方法によれば，I の誤差限界率は最悪の場合

$$\frac{\varepsilon}{|I|} = \frac{\varepsilon_m}{|I_m|} + \frac{R_A}{R_g + R_A}\left(\frac{\varepsilon_g}{R_g} + \frac{\varepsilon_A}{R_A}\right) \tag{3.22}$$

となる．電流計の指示値の誤差限界率は，そのまま I の誤差限界率に反映されるが，R_A と R_g の誤差限界率の影響を見積もるには係数 $R_A/(R_g + R_A)$ を考慮する必要がある．

③ I を求めるために式(3.18)の測定方程式を利用するが，電流計の指示値 I_m に標準偏差率（または，相対標準偏差）$\sigma_m/|I_m|$ の誤差が，R_A と R_g の測定値にも，それぞれ σ_A/R_A と σ_g/R_g の標準偏差率の誤差がある（本書における標準偏差率，相対標準偏差の定義については，1章の例題1.1を参照）．

このときは，I の標準偏差率は1.3.4項で述べた誤差伝搬の法則により

$$\frac{\sigma}{|I|} = \sqrt{\left(\frac{\sigma_m}{I_m}\right)^2 + \left(\frac{R_A}{R_g + R_A}\right)^2\left\{\left(\frac{\sigma_g}{R_g}\right)^2 + \left(\frac{\sigma_A}{R_A}\right)^2\right\}} \tag{3.23}$$

となる．この場合も，R_A と R_g の誤差限界率の影響を見積もるには係数 $R_A{}^2/(R_g + R_A)^2$ を考慮する必要がある．

3.2.2　電圧・電位差の測定

図 3.21(a)の直流電源と抵抗からなる回路において，端子 a-b 間の電圧を測定するために，図(b)のように a-b 間に電圧計を挿入する場合について考える．電流測定の場合と同様，図(c)のように回路を電圧源 V_g と等価内部抵抗 R_g の直列回路（テブナン等価回路）で表し，内部抵抗 R_V を持つ電圧計を，図(d)のように内部抵抗が無限大の理想化した電圧計と，内部抵抗と等しい値を持つ抵抗 R_V の並列等価回路で表す．

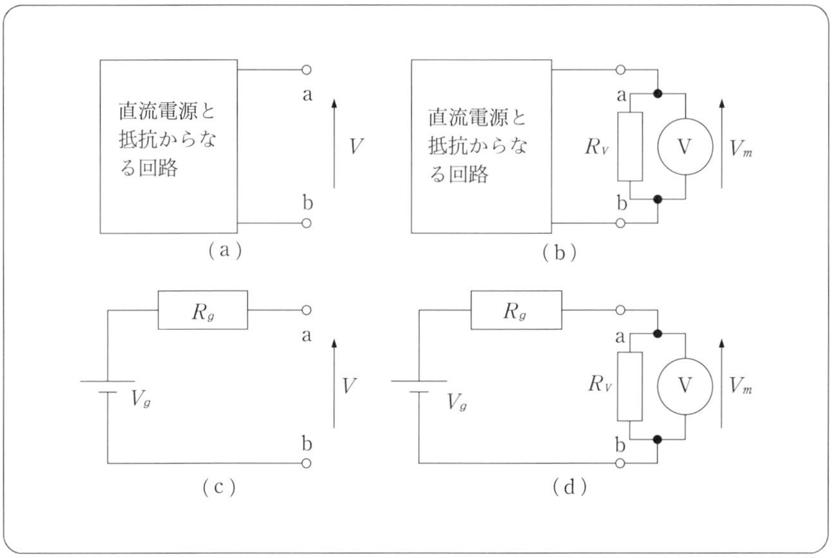

図 3.21　直流電圧の測定

電圧計の指示値 V_m から測定したい電圧値 V を求めるための式（測定方程式）は

$$V = \left(1 + \frac{R_g}{R_V}\right) V_m \tag{3.24}$$

となる．したがって，V を求めるためにも R_V と R_g を測定する必要があるが，R_V の存在を無視し，電圧計の指示値をそのまま測定値とした場合，相対誤差は

$$\frac{\Delta V}{V} = \frac{V_m - V}{V} = \frac{-R_g}{R_g + R_V} \tag{3.25}$$

となる．電流測定と同様，R_V の存在（負荷効果）により実際の値よりも小さな値が測定されてしまう．

R_V の存在を無視せず，V を求めるために式(3.24)の測定方程式を利用するが，電圧計の指示値および R_V と R_g の測定値に誤差が存在する場合については，電流測定と同様にして評価することができる．

負荷効果は，電流計に電流が流れることによって発生する．したがって，**図 3.22** に示す

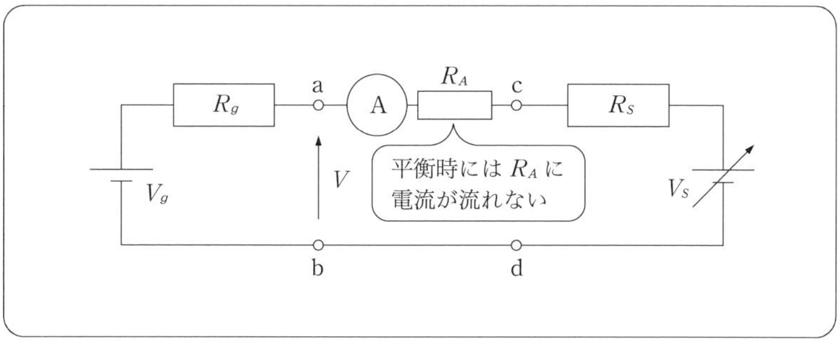

図 3.22　電　位　差　計

ように，可変標準電圧発生器 V_S を用いて，端子 a-b 間の電位差と端子 c-d 間の電位差が等しくなるようにすれば，電流計に電流が流れないので，負荷効果は生じない．電位差が平衡し，電流計の指示値が 0 となったとき，端子 a-b 間の電圧 V は，被測定電源の内部抵抗 R_g，可変標準電圧発生器の内部抵抗 R_S，電流計の内部抵抗 R_A があったとしても，可変標準電圧発生器の起電力 V_S に等しくなる．

このような原理に基づく電圧測定器を**電位差計**（potentiometer）という．この方法は零位法であるため，測定に時間がかかるが，感度がよく微小な電圧の測定が可能である．ただし，微小な電圧の測定では，回路における異なった金属間の接続によって発生する熱起電力が誤差の要因となる．この誤差を減少させるには，被測定電圧と可変標準電圧発生器の起電力の極性を逆にして平衡をとり，二つの測定結果を平均する．

3.2.3　電 力 の 測 定

負荷抵抗 R_L で消費される直流電力 P_L は

$$P_L = V_L I_L = I_L{}^2 R_L = \frac{V_L{}^2}{R_L} \quad \text{〔W〕} \tag{3.26}$$

と表される．ここで，V_L と I_L は抵抗両端の電圧，抵抗を流れる電流である．したがって，V_L と I_L を測定すれば消費電力を計算によって求めることができる．式(3.26)から，抵抗値と電圧あるいは抵抗値と電流の測定によっても間接測定が行えるが，抵抗値は温度によって変化する．抵抗の温度は消費電力によって変化するから，結局，抵抗値が測定量である電力によって変わり，測定精度の点から好ましくない．電圧と電流を測定する間接測定の方がよい．

電圧と電流を測定するための回路は，**図 3.23**(a)と(b)の二種類が考えられる．R_V，R_A はそれぞれ電圧計，電流計の内部抵抗である．

電圧計，電流計の指示値をそれぞれ V，I とすれば，図(a)の回路における測定方程式は

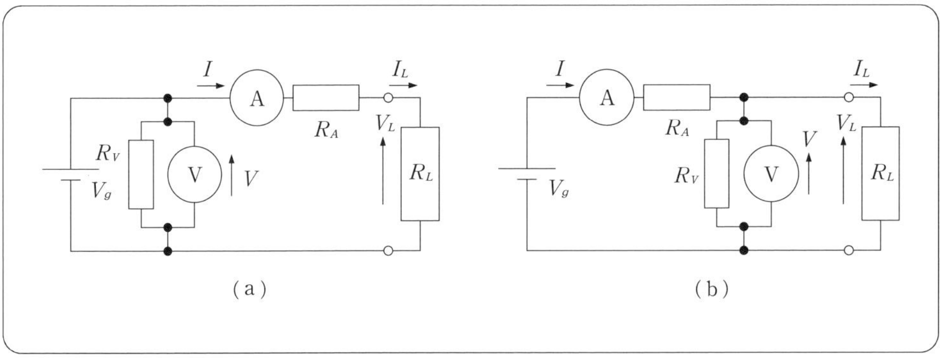

図 3.23　抵抗で消費される直流電力の測定回路

$$P_L = VI - R_A I^2 \tag{3.27}$$

であり，図(b)の回路における測定方程式は

$$P_L = VI - \frac{V^2}{R_V} \tag{3.28}$$

である．したがって，P_L を正確に求めるためには，図(a)の回路では電流計の内部抵抗 R_A を，図(b)の回路では電圧計の内部抵抗 R_V を測定する必要がある．これらの間接測定において，電圧計や電流計の指示値，内部抵抗の測定値に誤差が存在する場合における誤差評価の方法は電流測定と同様である．

内部抵抗の存在を無視して，V と I の積

$$P_L' = VI \tag{3.29}$$

を消費電力とした場合は，図(a)の回路で

$$\frac{\varDelta P_L}{P_L} = \frac{P_L' - P_L}{P_L} = \frac{R_A}{R_L} \tag{3.30}$$

の相対誤差が，図(b)の回路で

$$\frac{\varDelta P_L}{P_L} = \frac{P_L' - P_L}{P_L} = \frac{R_L}{R_V} \tag{3.31}$$

の相対誤差が発生する．式(3.30)，(3.31)とも正の値をとるから，どちらの回路でも実際の値よりも大きな値が測定されることが分かる．また，図(a)の回路では負荷抵抗の値が大きいほど系統誤差が小さくなり，図(b)の回路では負荷抵抗の値が小さいほど系統誤差が小さくなる．両回路を使い分ける目安は，式(3.30)，(3.31)から

$$R_L = \sqrt{R_A R_V} \tag{3.32}$$

であり，負荷抵抗がこの値より大きければ図(a)の回路が，小さければ図(b)の回路が有利となる．これは，R_V と R_A の大体の値が分かっている場合の判定基準である．それらのどちらかを正確に測定できる場合は，式(3.27)または (3.28) の測定方程式を用いればよい．

本章のまとめ

❶ **可動コイル形電流計**　電磁力を利用した代表的なアナログ指示計器

❷ **分流器**　電流計の測定範囲を拡大するための分流抵抗

❸ **エアトン分流器**　多レンジ電流計を構成するために一般に用いられる分流器

❹ **等価内部抵抗**　測定端子から電流計や電圧計全体を見た抵抗値

❺ **倍率器**　電流計から電圧計を構成し，その測定範囲を拡大するための抵抗

❻ **アナログ電子電流計**　増幅器を用いた電流計

❼ **A-D 変換器**　アナログ電圧をディジタル信号に変換する装置

❽ **二重積分型 A-D 変換器**　測定信号を積分する方式の A-D 変換器

❾ **ディジタル電圧計・ディジタル電流計**　A-D 変換器を用いた電子電圧計・電子電流計

❿ **ディジタルマルチメータ**　1台で電圧，電流，抵抗を測定できるディジタル計測器

⓫ **負荷効果**　電流計や電圧計の内部抵抗が系統誤差を発生させる効果

⓬ **分流器の抵抗値と電流計の等価内部抵抗**　$r = \dfrac{R_A}{M-1}$,　$r_e = \dfrac{R_A}{M}$

⓭ **倍率器の抵抗値と電圧計の等価内部抵抗**　$R = (N-1)R_A$,　$R_e = NR_A$

●理解度の確認●

問 3.1　可動コイル形電流計において，制動力はなぜ必要か．また，何が制動力となっているか．

問 3.2　図 3.7 のエアトン分流器の等価内部抵抗を求めよ．

問 3.3　**図 3.24** の回路において，端子 a-b 間に流れている電流 I を，a-b 間に電流計を入れることで測定したい．

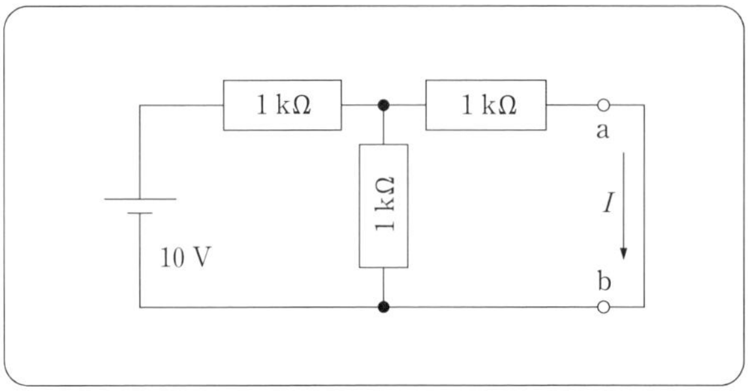

図 3.24　端子 a-b 間に流れる電流

（1）　端子 a-b から左の回路側をテブナン等価回路で表せ．

（2）　電流計の内部抵抗を考慮しないで測定したが，内部抵抗に起因する誤差率の大きさは 1 %以内であった．このとき，電流計の内部抵抗はどのような条件を満足していたか．有効数字 2 桁で示せ．

4 抵抗の測定

　直流回路において重要な測定量は，3章で測定法を学んだ電圧，電流，そして，本章で取り上げる抵抗の三つである．抵抗は電位差と電流の関係式の比例定数であり，金属や半導体の抵抗値は温度によって変化し，温度センサとしても用いられる．抵抗の測定は，電圧や電流の測定と異なり，電圧源や電流源を用いて被測定抵抗に電流を流す必要がある．抵抗の測定については，既に1章において，直接測定及び零位法を説明するための例としてホイートストンブリッジについて説明したので，本章では，ホイートストンブリッジ以外の抵抗の測定法について学習する．

4.1 抵　抗　器

本節では，抵抗とコンダクタンス，抵抗率と導電率，それらの単位，実際に使用されている抵抗器の種類と特徴，抵抗測定において実用標準として用いられる標準抵抗器について学ぼう．

4.1.1 抵抗とコンダクタンス

電流は**電荷**（electric charge）の動きであり，電荷は**電界**（electric field）から受ける力によって移動する．したがって，電流の流れている**導体**（[electric] conductor）の中には電界が存在し，離れた2点間には電位差がある．この電位差 V は流れている電流 I に比例する．この比例関係の定数が**電気抵抗**（electric resistance）略して**抵抗**（resistance）R であり，その関係

$$V = RI \tag{4.1}$$

が**オームの法則**（Ohm's law）である．抵抗 R が大きいほど，同じ電位差に対して流れる電流が小さく，R は電流の流れにくさを表している．オームの法則は金属導体では一般的に成立し，抵抗は導体の種類，形状，温度により決まり，直接的には電流の大きさに依存しない．

物質の抵抗を表すには，**図 4.1** のように，単位長さを一辺とするその物質の立方体を考え，この立方体に均一に電流が流れているときの抵抗の値

$$\rho = \frac{V_1}{I_1} \tag{4.2}$$

を考える．この値 ρ をその物質の**抵抗率**（resistivity）という．SI 単位では，単位長さは 1 m であるから，抵抗率は各辺が 1 m の立方体の抵抗となるが，実際にこの大きさの立方体を作って抵抗率を測定するわけではない．抵抗率とは，その大きさに換算したときの抵抗の値である．主な物質の抵抗率を**表 4.1** に示す．

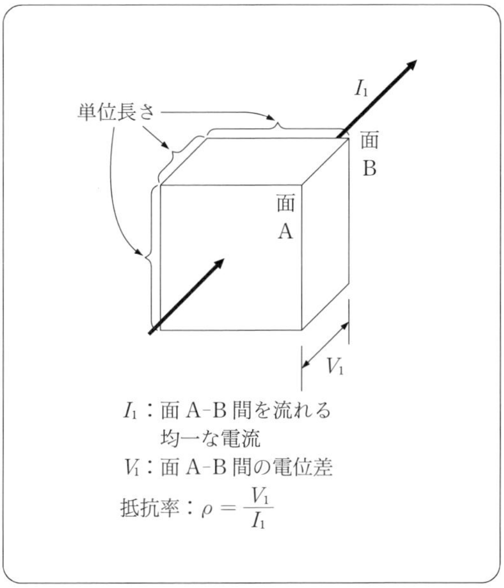

図 4.1　物質の抵抗率を定義するための立方体

表 4.1　物質の抵抗率

種　類	物　質	抵抗率〔Ω･m〕
導　体	銀	1.6×10^{-8}
	銅	1.7×10^{-8}
	アルミニウム	2.6×10^{-8}
	ニッケル	6.9×10^{-8}
	鉄	10.0×10^{-8}
	白　金	10.5×10^{-8}
	ニクロム	100×10^{-8}
	炭　素	350×10^{-8}
絶縁体	純　水	$10^{4}\sim10^{5}$
	乾いた木	$10^{5}\sim10^{9}$
	ガラス	$10^{9}\sim10^{11}$
	テフロン	$10^{15}\sim10^{16}$

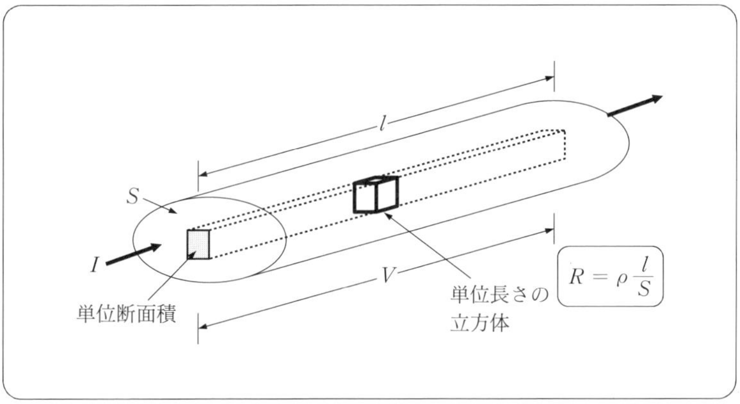

図 4.2　任意の断面積を持つ導体棒の抵抗

次に，**図 4.2** に示すような任意の一定な断面積 S を持つ長さ l の導体棒を考える．この棒の両端に電位差 V を加えたとき，電流 I が流れたとすれば，抵抗は $R = V/I$ である．この導体棒の中に，図のように正方形の単位断面積を持つ棒を考えると，この単位断面積の棒に流れる電流は I/S である．更に，この単位断面積の棒において単位長さをとる（単位長さの立方体を考える）と，この両端の電位差は V/l である．この電位差と電流の比が，単位断面積で単位長さの部分の抵抗になるが，これは定義により抵抗率になる．

$$\rho = \frac{V_1}{I_1} = \frac{V/l}{I/S} = \frac{S}{l}\frac{V}{I} = \frac{S}{l}R \tag{4.3}$$

すなわち

$$R = \rho \frac{l}{S} \tag{4.4}$$

となり，導体棒の抵抗は抵抗率，長さ l に比例し，断面積 S に反比例する．式(4.4)から，抵抗率の単位はオームメートル（Ω·m）であることが分かる．

導体の形状が**図 4.3** のような厚さ t で一辺の長さ a の正方形の薄膜状である場合，その抵抗 R_S は式(4.4)から

$$R_S = \frac{\rho}{t} \tag{4.5}$$

となり，正方形の大きさに無関係になる．この R_S を**面抵抗**（surface resistance）あるいは**表面抵抗**という．単位はオーム（Ω）である．面抵抗の値が分かっていると，幅 b で長さ l の長方形の薄膜の抵抗 R は式(4.6)のように求めることができる．

$$R = R_S \frac{l}{b} \tag{4.6}$$

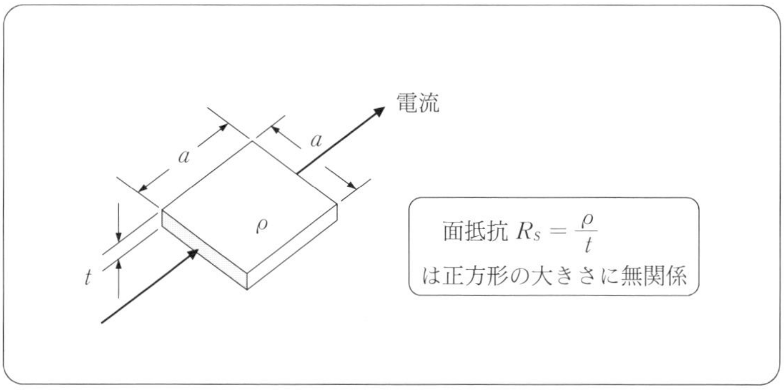

図 4.3　薄膜の面抵抗

抵抗の逆数，すなわち，電流の流れやすさを表す定数を**コンダクタンス**（conductance）といい，通常，記号 G で表す．単位はジーメンス（S）である．

$$G = \frac{1}{R} \ \text{〔S〕} \tag{4.7}$$

また，抵抗率の逆数を**導電率**（conductivity）といい，ギリシャ文字の σ（シグマ）で表すのが普通である．単位はジーメンス毎メートル（S/m）である．

$$\sigma = \frac{1}{\rho} \ \text{〔S/m〕} \tag{4.8}$$

談　話　室

温度センサ　「金属ではオームの法則が一般的に成立し，抵抗の値は，直接的には電流の大きさに依存しない」と述べたが，抵抗が温度によって変わるので，抵抗を流れる電流が大きくなると自己加熱により抵抗体の温度が上昇し，抵抗の値は**間接的に**電流の大きさに依存する．これは，金属以外の物質でも同じである．金属の抵抗値 $R(t)$ は，温度変化の範囲がそれほど広くなければ，温度 T_0 のときの抵抗値 R_0 を基準として

$$R(T) = R_0\{1 + a(T - T_0)\} \tag{4.9}$$

と線形に表すことができる．ここで，a は温度係数で，3×10^{-3}〜5×10^{-3}〔1/℃〕程度である．

物質の抵抗値が周囲の温度によって変わることを利用したものが**白金測温抵抗体**や**サーミスタ**（thermistor）などの温度センサである．白金測温抵抗体は，細い白金線を枠に巻いてリード線を接続し外側に保護用の被覆を施したものである．感度はあまりよくないが，温度-抵抗値の直線性がよく温度ごとの基準抵抗値が分かっているので，相対的な温度変化だけでなく，温度の絶対値の測定が可能である．

サーミスタは金属ではなく，鉄（Fe），ニッケル（Ni），マンガン（Mn）などの酸化物を焼結した半導体の温度センサである．白金測温抵抗体は温度と共に抵抗が大きくなるが，サーミスタは逆に温度が上昇すると抵抗値が下がる負の温度特性を持っている．感度は白金測温抵抗体よりも1桁以上大きいが，温度に対する抵抗値の直線性は悪い．これらの温度センサを用いた温度測定にも当然，抵抗測定が必要となる．

4.1.2　抵抗器の種類

次のように，材料，構造，機能によって多くの種類の抵抗器があり，使用する周波数帯や消費電力によって使い分けられている．

〔1〕 **巻線抵抗器**　**巻線抵抗器**（wire wound resistor）は，マンガニン（銅，ニッケル，マンガンの合金）やニクロム（銅，ニッケル，クロムの合金）などの細い線を絶縁体に巻いて作成される．これらの合金は，その組成を調整することで，ppm（parts per million，百万分の1，10^{-6}）〔1/℃〕オーダの小さな温度係数を持つ抵抗を作ることができる．また，巻数を変えて指定どおりの正確な抵抗値を実現できるため，標準抵抗器や計測機器などに使用される．ただし，構造上，交流に対しては無視できないインダクタンス成分を持つ．このため，交流用の巻線抵抗器では，**図4.4**に示すような，**二本巻**や**エアトン-ペリー**

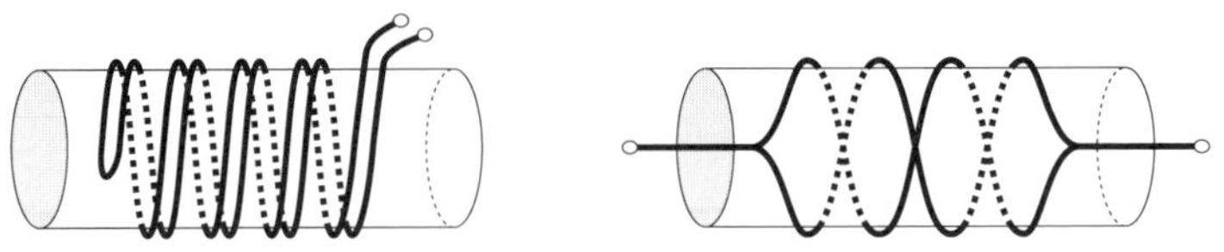

図 4.4　巻線抵抗器における巻き方

(Ayrton-Perry) 巻などの巻き方が用いられる.

〔2〕 **皮膜抵抗器**　絶縁体の管や板の表面に，金属あるいは炭素（カーボン）の薄い膜を作成し，これを抵抗とするものである. **金属皮膜抵抗器**（metal film resistor）は，巻線抵抗器に近い小さな温度係数を持つものを作ることができ，皮膜の幅や厚みを調整することで正確な抵抗値を実現できる. また，交流に対するインダクタンス分も巻線抵抗器よりはるかに小さい. ただし，10 Ω 程度以下の低い抵抗値を持つ抵抗器を作ることは難しい. **炭素皮膜抵抗器**（carbon-film resistor）は，金属皮膜抵抗器よりも温度係数が大きく精度も劣るが，低価格である.

〔3〕 **ソリッド抵抗器**　**ソリッド抵抗器**（solid resistor）は，炭素の粉を樹脂などのバインダで固めて円筒状にし，両端に電極を付けたものである. 小形で低価格であるため，最も広く用いられている. ただし，指定どおりの抵抗値を作ることは困難であり，量産したものを値によって分類する. 温度係数は，皮膜抵抗器よりも大きい.

〔4〕 **可変抵抗器**　巻線抵抗器でも皮膜抵抗器でも表面に金属片（ブラシ）を接触させ，移動させることで**可変抵抗器**（variable resistor）が構成できる. 装置の外部から抵抗値を可変できるような回転軸を持った可変抵抗器と，プリント基板上に取り付けて抵抗値をドライバなどで調整する**半固定可変抵抗器**がある. 後者は**トリマ**（trimmer）と呼ばれる.

4.1.3　標準抵抗器

抵抗の実用標準などに用いられる**標準抵抗器**（standard resistor）は，温度係数が低いことが要求されるので，巻線抵抗器が多く用いられる. 1 Ω から 1 kΩ 程度の抵抗値が一般的であり，主としてマンガニン線が使用されるが，数 kΩ 以上ではニクロム線が用いられる. kΩ オーダ以上の標準抵抗器は，巻線抵抗器では実現できないので，金属皮膜抵抗器が用いられる.

合金の組成を調節した温度係数が低い巻線抵抗器でも，温度変動により 1℃ 当り ppm オーダの抵抗値の変化を生ずるので，温度をできるだけ一定に保たなければならない．また，測定のために電流を流すと自己加熱で温度が上昇するので，発生する熱を除去する必要がある．このため，抵抗の実用標準とするには，油の恒温槽中に標準抵抗器を入れる．

図 4.5 に**トーマス**（Thomas）**形**と呼ばれる**巻線形標準抵抗器**の構造を示す．二重の金属円筒の間に乾燥空気や窒素ガスを封入し，内側の円筒にマンガニン抵抗線を巻いている．直流用の標準抵抗器であっても，電源の開閉時に過渡現象によって大きな電圧が発生するので，インダクタンス分をなるべく低く抑えるために，図 4.4 に示した二本巻としている．リード線の抵抗値の影響を避けるため，電流端子と電圧端子を別にした四端子構造をとっている（4.2.3 節参照）．

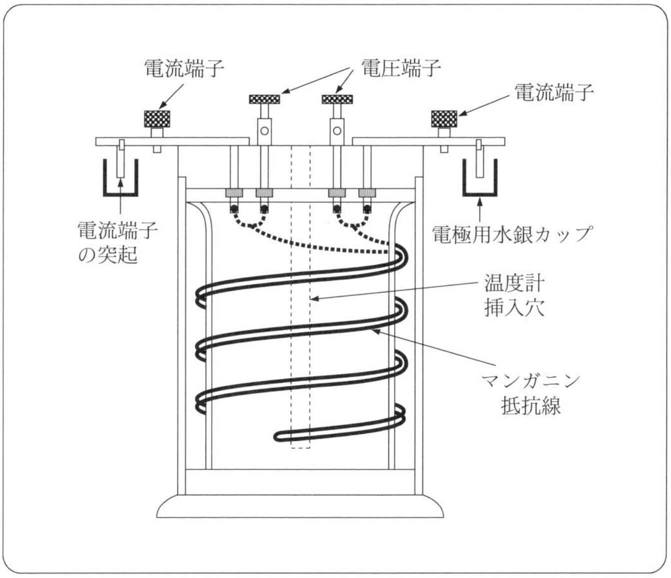

図 4.5　トーマス形標準抵抗器

4.2 測定法と測定系

1章で説明したホイートストンブリッジ以外の重要な測定法として，電圧電流計法と直読形抵抗計がある．これらの原理と測定回路の設計法，及び系統誤差が発生するメカニズムについて学ぼう．

4.2.1 電圧電流計法

これは，1.2節で間接測定の例として説明した抵抗の両端の電圧と抵抗を流れる電流を測定して，それらの測定値から計算する方法である．電圧と電流を測定するための回路は，直流電力の測定と同様，**図4.6**(a)と(b)の二種類が考えられる．これらの回路では，誤って測定端子を短絡してしまうと電流計に大きな電流が流れて焼損してしまう恐れがあるので，注意が必要となる．

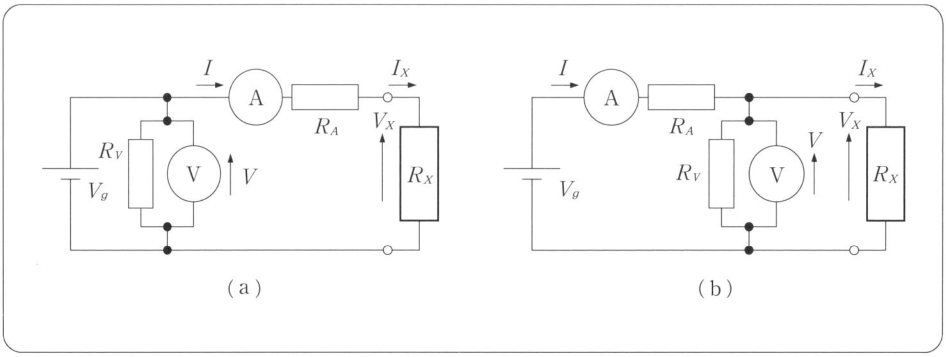

図4.6　電圧電流計法による抵抗の測定

図4.6で R_V，R_A はそれぞれ電圧計，電流計の内部抵抗である．電圧計，電流計の指示値をそれぞれ V，I とすれば，抵抗値

$$R_X = \frac{V_X}{I_X} \tag{4.10}$$

を V，I から求めるための測定方程式は図(a)の回路では

$$R_X = \frac{V}{I} - R_A \tag{4.11}$$

であり，図(b)の回路では

$$R_X = \frac{V}{I}\frac{R_V}{R_V - \dfrac{V}{I}} \tag{4.12}$$

となる．したがって，R_X を正確に求めるためには，図(a)の回路では電流計の内部抵抗 R_A を，図(b)の回路では電圧計の内部抵抗 R_V を測定する必要がある．

V と I の比

$$R'_X = \frac{V}{I} \tag{4.13}$$

を測定値とした場合は，図(a)の回路で

$$\frac{\varDelta R_X}{R_X} = \frac{R'_X - R_X}{R_X} = \frac{R_A}{R_X} \tag{4.14}$$

の相対誤差が，図(b)の回路で

$$\frac{\varDelta R_X}{R_X} = \frac{R'_X - R_X}{R_X} = \frac{-R_X}{R_X + R_V} \tag{4.15}$$

の相対誤差が発生する．式(4.14)では相対誤差が正の値をとるから，図(a)の回路では実際の値よりも大きな値が測定されることが分かる．また，被測定抵抗の値が大きいほど系統誤差が小さくなる．

一方，図(b)の回路では図(a)の回路と逆に，式(4.15)の相対誤差が負の値をとるから，実際の値よりも小さな値が測定されることが分かる．この点は，電力の測定と異なるので注意が必要である．また，被測定抵抗の値が小さいほど系統誤差が小さくなる．

両回路を使い分ける目安を求めるために，式(4.14)と(4.15)の相対誤差の大きさ（絶対値）を等しいと置くと，R_X に関する二次方程式が得られ，その解は

$$R_X = \frac{R_A \pm \sqrt{R_A^2 + 4R_V R_A}}{2} \tag{4.16}$$

である．R_X は正の値をとるので，分子にある平方根の前の複号は，プラスのみが意味を持つ．更に通常，電圧計の内部抵抗は電流計の内部抵抗よりもはるかに大きい，すなわち，$R_V \gg R_A$ が成り立つので，この条件下では式(4.16)は

$$R_X \fallingdotseq \frac{R_A + 2\sqrt{R_A R_V}}{2} \fallingdotseq \sqrt{R_A R_V} \tag{4.17}$$

となる．内部抵抗の大体の値が分かっていれば，被測定抵抗がこの値より大きいとき図(a)の回路が，小さいとき図(b)の回路が有利となる．この近似を用いた条件は，電力の測定における目安と同じである．もちろん，測定以前には R_X の値は未知であるが，測定後に回路

を変更する必要があるかどうかの判定基準である．R_A か R_V の値が正確に測定できる場合は，式(4.11)あるいは(4.12)の測定方程式を利用すればよい．

例題 4.1　図 4.6(b)の回路で抵抗 R_X を測定する場合，内部抵抗の存在を無視して測定したが，誤差率の大きさが 1 %以内であった．電圧計の内部抵抗はどのような条件を満たしていたか．

解答

$$\left|\frac{\Delta R_X}{R_X}\right| = \frac{R_X}{R_X + R_V} = \frac{1}{1 + \dfrac{R_V}{R_X}} \leqq \frac{1}{100} \tag{4.18}$$

したがって，電圧計の内部抵抗は，被測定抵抗の 99 倍以上である．

4.2.2 直読形抵抗計

直読形抵抗計は**オーム計**（ohmmeter）とも呼ばれ，アナログ形のテスタにおける抵抗測定に用いられる．その基本回路構成を**図 4.7** に示す．この回路において，抵抗を流れる電流は

$$I = \frac{V_g}{R_f + R_X} \tag{4.19}$$

となる．ここで，R_f は電流計の内部抵抗 R_A と回路抵抗 R の和

$$R_f = R_A + R \tag{4.20}$$

である．直読形抵抗計では，測定端子を短絡して $R_X = 0$ とし，電流計の最大電流の値を抵抗値 0 に対応させる．この最大電流 I_f は

$$I_f = \frac{V_g}{R_f} \tag{4.21}$$

であるから，電流計の指針の振れを表す I/I_f は

$$\frac{I}{I_f} = \frac{R_f}{R_f + R_X} = \frac{1}{1 + \dfrac{R_X}{R_f}} \tag{4.22}$$

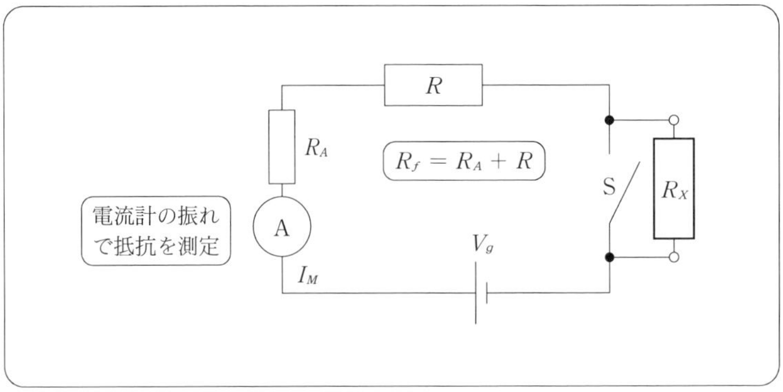

図 4.7　直読形抵抗計（オーム計）の基本回路

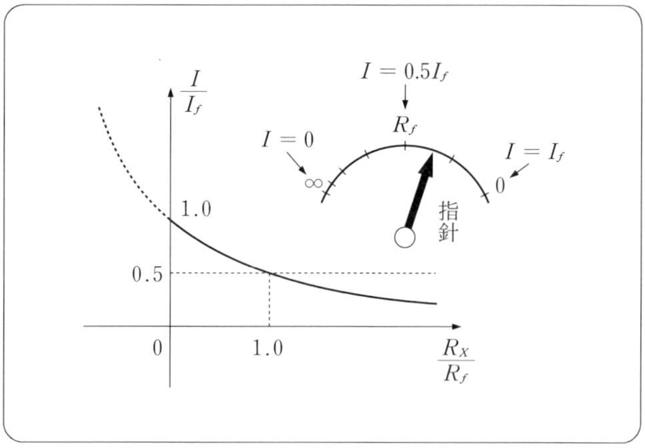

図 4.8 R_X/R_f に対する電流計の指針の振れ I_X/I_f

となる．したがって，R_X/R_f に対する電流計の指針の振れ I/I_f は**図 4.8** のようになる．

ここで，$R_X/R_f = 1$（または $R_X = R_f$）に対する電流計の指針の振れは I/I_f である．すなわち，被測定抵抗が R_f と等しいとき，電流計の針は中央の位置となる．R_f を中央抵抗値と呼ぶ．直読形抵抗計の目盛は，図 4.8 の反比例曲線によって等分目盛とはならない．このように指示値が測定量に反比例する測定も偏位法である．

実際には，電流計に分流器 r を用いて**図 4.9** のような回路とする．ここで，r_0 は電池の起電力の低下を調整するための抵抗である．ひとまず $r_0 = 0$ とする．電流計の定格値 I_M，内部抵抗 R_A，電池の起電力 V_g，中央抵抗値 R_f が与えられたとき，分流器 r と回路抵抗 R の値は 3.1.1 項の分流器の設計を参照すれば式(4.23)のようにして求めることができる．

$$I_f = \frac{V_g}{R_f} \;\rightarrow\; M = \frac{I_f}{I_M} \;\rightarrow\; r = \frac{R_A}{M-1}$$
$$\rightarrow\; r_e = \frac{R_A}{M} \;\rightarrow\; R = R_f - r_e \qquad (4.23)$$

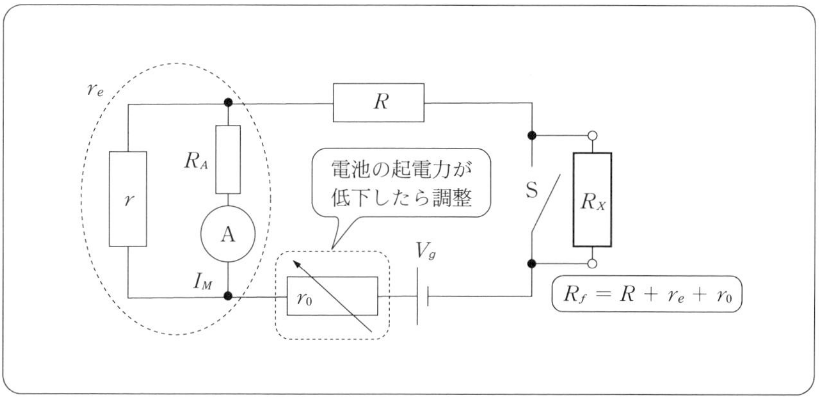

図 4.9 実用的な直読形抵抗計の回路

いま，この状態で電池の起電力が V_g から V'_g へ低下したとすれば，電流も I から I' へ低下する．起電力の低下による系統誤差を含む R'_X は次の関係から求めることができる．

$$\frac{I'}{I_f} = \frac{V'_g}{V_g}\frac{R_f}{R_f + R_X} \quad \text{（までしか指針が振れない）} \tag{4.24}$$

$$= \frac{R_f}{R_f + R'_X} \quad \text{（そこの目盛はこの } R'_X\text{）} \tag{4.25}$$

したがって，相対誤差は

$$\frac{\Delta R_X}{R_X} = \frac{R'_X - R_X}{R_X} = \left(\frac{V_g}{V'_g} - 1\right)\left(\frac{R_f}{R_X} + 1\right) \tag{4.26}$$

となり，被測定抵抗 R_X が小さくなるに従い，相対誤差が大きくなる．

ここで，起電力の低下による系統誤差を低減するため，起電力の低下前に r_0 を一定の値とし，低下したら r_0 の値を減らして，測定端子を短絡したときの最大電流 I_f を再調整により一定に保つことを考えよう．考慮する最低の起電力を $V_{g-\min}$ とすれば，初期の r_0 を

$$r_0 = \frac{V_g - V_{g-\min}}{I_f} \tag{4.27}$$

とし，回路抵抗はこの分だけ減らして

$$R = R_f - r_e - r_0 \tag{4.28}$$

とする．この状態で，電池の起電力が V_g から V'_g へ低下したとき，r_0 を r'_0 に減らして最大電流 I_f を一定に保つ．すなわち

$$I_f = \frac{V'_g}{R'_f} = \frac{V_g}{R_f} \tag{4.29}$$

$$R'_f = R + r_e + r'_0 \tag{4.30}$$

である．こうすれば，V_g から V'_g への低下に伴い電流も I から I' へ低下したとき

$$\frac{I'}{I_f} = \frac{R'_f}{R'_f + R_X} \quad \text{（までしか指針が振れない）} \tag{4.31}$$

$$= \frac{R_f}{R_f + R'_X} \quad \text{（そこの目盛はこの } R'_X\text{）} \tag{4.32}$$

となるから，この場合の系統誤差は

$$\frac{\Delta R_X}{R_X} = \frac{R_f}{R'_f} - 1 = \frac{V_g}{V'_g} - 1 \tag{4.33}$$

となる．この誤差は，被測定抵抗 R_X に無関係に一定であり，式(4.26)において R_X が∞の極限値である．したがって，r_0 により最大電流を一定に調整した方が常に誤差が小さくなる．

例題 4.2　電流計の定格値 $I_M = 100\ \mu\text{A}$，内部抵抗 $R_A = 1\ \text{k}\Omega$，電池の起電力 $V_g = 1.5\ \text{V}$，最低の起電力が $V_{g-\min} = 1.2\ \text{V}$ のとき，中央抵抗値 $R_f = 150\ \Omega$ の直読形抵抗計を設計せよ．また，電池の起電力が $V'_g = 1.4\ \text{V}$ に低下した場合，最大電流 I_f の再調整を行

わないときと，行ったときの $R_X = 150\,\Omega$ に対する誤差率はそれぞれいくらか．

解答　式(4.23)，(4.27)，(4.28)より，$r = 10.1\,\Omega$，$r_0 = 30\,\Omega$，$R = 110\,\Omega$ となる．再調整を行わないときの誤差率は，式(4.26)から＋14.3％であるが，再調整を行えば誤差率は，式(4.33)から＋7.1％に減少する．

4.2.3 低抵抗の測定

電圧電流計法を用いて mΩ オーダの低い抵抗値を測定しようとする場合，**図 4.10**(a)のように，被測定抵抗 R_X と測定回路を結ぶリード線（接続線）の抵抗 R_{C1}，R_{C2} が問題となる．たとえ電圧計の内部抵抗が十分大きく，電流計の内部抵抗が十分小さいとしても，測定される値は抵抗 R_{C1}，R_{C2} を含んだものとなる．リード線の抵抗は通常 1 m 当り数十 mΩ 程度ある．また，接続端子における接触抵抗も無視できない場合がある．

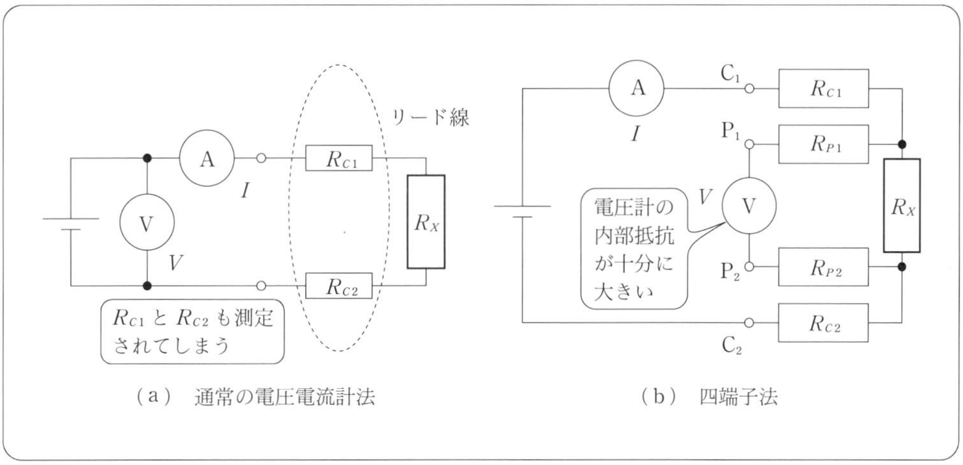

図 4.10　電圧電流計法による低抵抗の測定

リード線の抵抗や接触抵抗の影響を取り除くために，図 4.10(b)のような**四端子法**(four-terminal method) が用いられる．この測定回路では，電流を流すための電流端子 C_1，C_2 と，電圧を測定するための電圧端子 P_1，P_2 を別にする．**電圧計の内部抵抗が十分大きければ**，リード線の抵抗 R_{P1} と R_{P2} があっても被測定抵抗 R_X の両端の電圧が測定できる．また，電流端子側のリード線の抵抗 R_{C1} と R_{C2} があっても，R_X を通る電流はすべて電流計で測定できる．

直読形抵抗計で低抵抗を精密に測定するには，中央抵抗値 R_f の値を小さくする必要がある．しかし，中央抵抗値は電流計の内部抵抗と回路抵抗の和であるから，この値を下げるには限度がある．そこで，**図 4.11** のような**低抵抗計**を用いる．この回路では，電流計を流れ

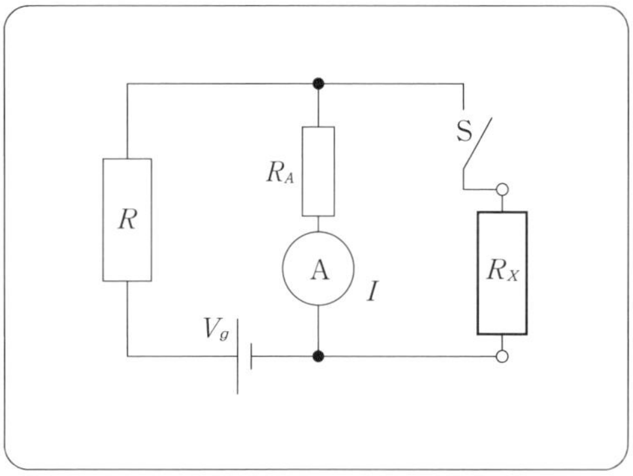

図 4.11　低 抵 抗 計

る電流 I は

$$I = \frac{R_X}{R_A R_X + R(R_X + R_A)} V_g \tag{4.34}$$

となり，R_X が大きいほど電流が大きくなる．そこで，測定端を開放（$R_X = \infty$）したときの最大電流

$$I_O = \frac{V_g}{R + R_A} \tag{4.35}$$

を基準として低抵抗を測定する．このとき，電流計の指針の振れは

$$\frac{I}{I_O} = 1 - \frac{1}{1 + \dfrac{R_X}{R_O}} \tag{4.36}$$

となる．ここで，R_O は R と R_A の並列抵抗

$$R_O = \frac{RR_A}{R + R_A} \tag{4.37}$$

である．中央抵抗値は R_O となるから，R を小さくすれば中央抵抗値をかなり下げることができる．ただし，その結果，大きな電流を流す必要がある．

4.2.4　高抵抗の測定

MΩ オーダ以上の高抵抗を測定する場合，最も重要なことは，漏れ電流の影響である．例えば，抵抗体や材料の表面に付着した水分や汚れを伝わって流れる電流や，湿度の高い空気などの媒質を流れる電流が無視できなくなり，測定誤差の大きな原因となる．

例えば，**図 4.12**(a)の電圧電流計法による測定では，端子 H から L へ流れる電流 I_L と，アース G へ流れる電流 I_G を考える必要がある．このうち，電流 I_G による影響は，電源の内部抵抗が十分小さければ無視することができ，主として問題となるのは電流 I_L である．

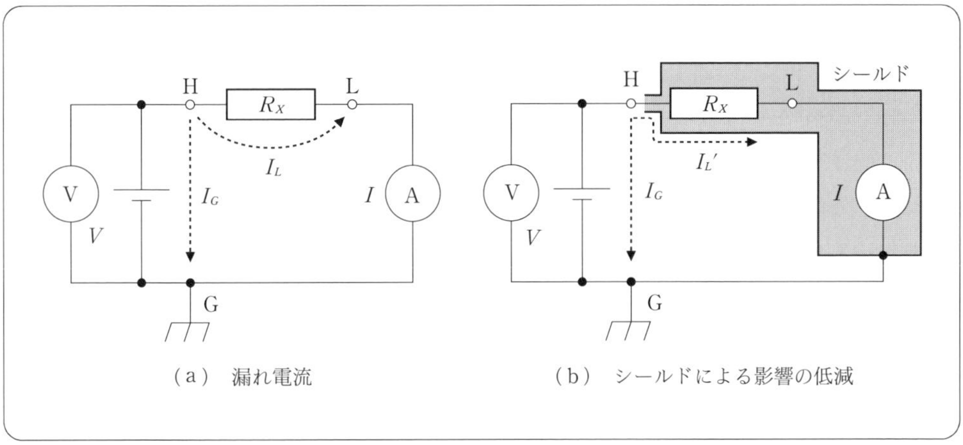

図 4.12 電圧電流計法による高抵抗の測定

この影響を避けるため，図(b)のように，被測定抵抗 R_X を導体でシールド（shield）し，密閉する．こうすれば，端子 H から L へ流れる電流は無視できる．端子 H からシールド導体を流れる電流 I'_L はアース G へ流れ，電流計の指示値には含まれない．

絶縁体に電極を付けてその抵抗を測定するには，材料の表面に流れる漏れ電流の影響を避けるため，**図 4.13**(a)に示す**ガードリング**（guard ring，**保護環**）を用いる．表面を流れる電流は，ガードリングによりアースに流れ，電流測定値からは除かれる．

このような測定では，被測定抵抗を流れる電流が微小となり，通常の電流計では測定精度が低下してくる．このため，図(b)に示すように値の分かった標準高抵抗 R_S の両端の電圧 V_S を直流増幅器で増幅して測定し，式(4.38)のように計算する．

$$R_X = \left(\frac{V_g}{V_S} - 1\right)R_S \tag{4.38}$$

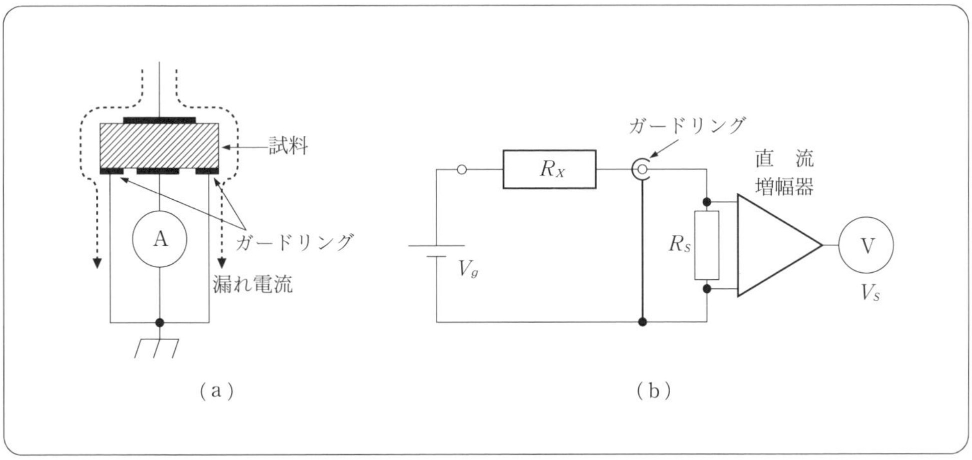

図 4.13 ガードリングを用いた絶縁体の抵抗測定

4.2.5 面抵抗の測定

面抵抗の測定法としては，**四探針法**と**ファンデアパウ**（van der Pauw）**法**がよく行われている．四探針法では，**図4.14**のように試料の表面に一定の間隔 d で4本の金属探針を接触させる．外側の2本の電極から一定の電流 I を流し，内側の2本の探針間の電位差 V を内部抵抗の高い直流電圧計で測定する．この基本的な原理は，図4.10(b)の四端子法と同様である．試料の厚さ t が十分薄ければ，電位差 V と電流 I から，抵抗率 ρ は式(4.39)で求めることができる．

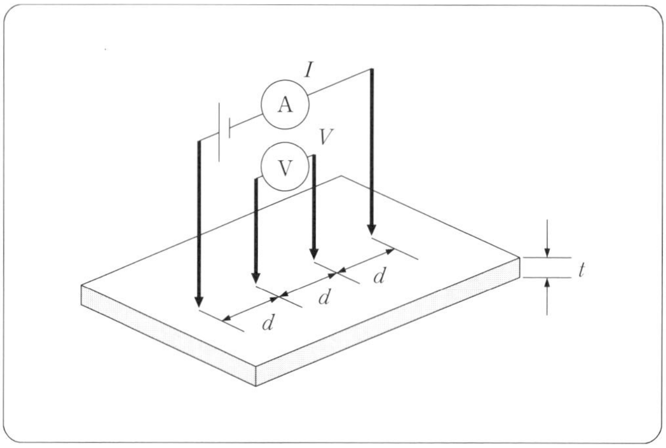

図4.14　四探針法による面抵抗の測定

$$\rho = \frac{\pi}{\ln 2}\frac{V}{I}t \tag{4.39}$$

ファンデアパウ法では，**図4.15**に示すように試料に四つの端子a，b，c，dを付け，端子c-d間に電流 I_{cd} を流す．このとき端子a-b間の電圧 V_{ab} を測定し，抵抗 $R_{ab,cd} = V_{ab}/I_{cd}$ を計算する．次に，接続をずらして，端子b-d間に電流 I_{bd} を流す．このとき端子a-c間の電圧 V_{ac} を測定し，抵抗 $R_{ac,bd} = V_{ac}/I_{bd}$ を計算する．これらの値から，抵抗率 ρ は

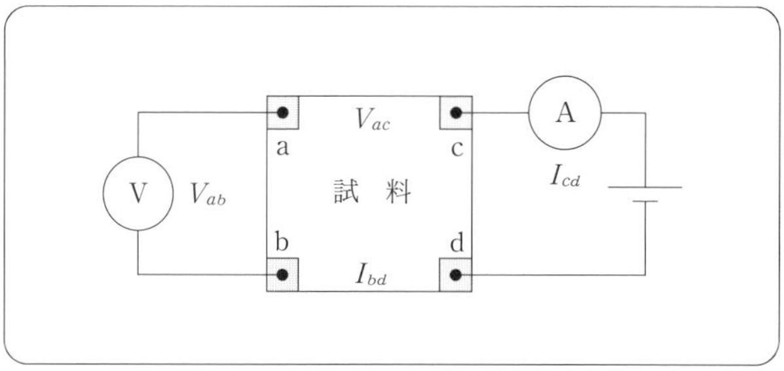

図4.15　ファンデアパウ法による面抵抗の測定

式(4.40)で求めることができる．

$$\rho = \frac{\pi t}{\ln 2} \frac{R_{ab,cd} + R_{ac,bd}}{2} f \tag{4.40}$$

ここで，f は試料の形状によって決まる定数であり，$R_{ab,cd}/R_{ac,bd} < 1.5$ では約1となる．

四探針法とファンデアパウ法のどちらの方法でも，面抵抗は式(4.5)の $R_s = \rho/t$ で計算できる．

本章のまとめ

❶ **抵抗率**　単位長さを一辺とする立方体の物質に均一に電流が流れているときの抵抗値

$$R = \rho \frac{l}{S}$$

❷ **面抵抗**　薄膜状導体が正方形である場合の抵抗値（正方形の大きさには無関係）

$$R_s = \frac{\rho}{t}$$

❸ **導電率**　抵抗率の逆数　$\sigma = \dfrac{1}{\rho}$　〔S/m〕

❹ **標準抵抗器**　抵抗の実用標準などに用いられる抵抗器

❺ **電圧電流計法**　両端の電圧と流れる電流を測定して抵抗値を計算する間接測定法

❻ **直読形抵抗計（オーム計）**　抵抗を流れる電流から抵抗値を測定する偏位法を利用した計器

❼ **四端子法**　電流を流す端子と電圧を測定する端子を別にする電圧電流計法

❽ **低抵抗計**　測定端を開放した状態を基準とする直読形抵抗計

❾ **ガードリング**　材料の表面に流れる漏れ電流の影響を避けるための保護環

❿ **四探針法，ファンデアパウ法**　四端子法による面抵抗の測定法

●理解度の確認●

問 4.1　巻線抵抗器の二本巻やエアトン-ペリー巻はなぜインダクタンス分が少ないのか．また，キャパシタンス分についてはどうか．

問 4.2　電圧電流計法による抵抗の測定において，図 4.6(a)の回路では実際の値よりも大きな値が測定され，図(b)の回路では実際の値よりも小さな値が測定されることを回路構成から説明せよ．

問 4.3　四端子法による低抵抗測定の原理を説明せよ．

問 4.4　図 4.11 の低抵抗計における R_x/R_o に対する電流計の指針の振れ I/I_o を図 4.8 に従って描け．

5 交流電圧・交流電流・交流電力の測定

交流に関する測定では，直流の測定と異なり，電流と電圧が振幅と位相の二つのパラメータで表され，電流と電圧の間の位相差も考える必要がある．このため，測定すべきパラメータが多くなり，計測機器や測定法が多様化してくる．交流電流と交流電圧の関係を表す回路パラメータも抵抗だけでなく，コイルやコンデンサのリアクタンスを含むインピーダンスとなるが，インピーダンスの測定は6章で取り扱い，本章では，電圧・電流・電力の測定について学習する．

5.1 測　定　量

時間的に変化する交流の電圧，電流，電力には，種々のパラメータが定義され，測定の対象となる．本節では，これら測定対象となるパラメータの意味や相互の関係について学ぼう．

5.1.1 交流電圧・交流電流

図 5.1 に示すような周期 T の波形 $u(t)$ に関して測定の対象となるパラメータとしては，**ピーク値**（peak value，**波高値**），**ピークピーク値**（peak-to-peak value），**平均値**（mean value），**実効値**（effective value, root-mean-square value）が測定の対称となる．ピーク値は図(a)のように，正負の値が異なるときは正のピーク値，負のピーク値と呼ぶ場合もある．正負のピーク値の間隔をピークピーク値という．平均値は正弦波などでは，そのままでは 0 となるので，測定の対象となるのは図(b)に示す**絶対値の平均値**

$$\bar{u} = \frac{1}{T}\int_0^T |\, u(t) \,|\, dt \tag{5.1}$$

である．実効値 $\langle u \rangle$ は式(5.2)のように定義される．

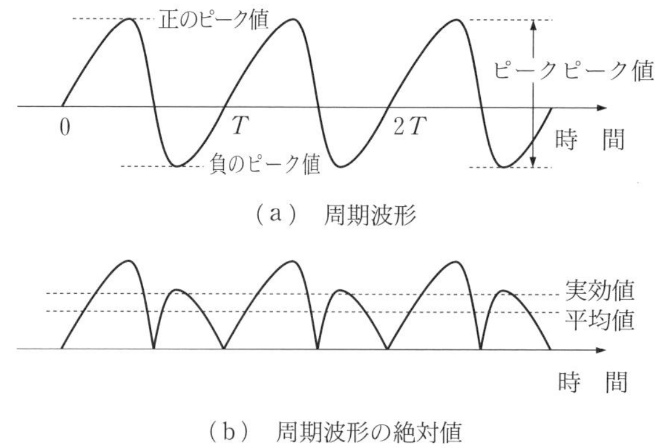

図 5.1　周期波形のパラメータ

$$\langle u \rangle = \sqrt{\frac{1}{T}\int_0^T \{u(t)\}^2 dt} \tag{5.2}$$

実効値 $\langle u \rangle$ と絶対値の平均値 $\bar{u}$ との比

$$\alpha = \frac{\langle u \rangle}{\bar{u}} \tag{5.3}$$

を**波形率**（form factor）という．

周波数 f（**角周波数** $\omega = 2\pi f$）の正弦波交流電圧の**瞬時値**（instantaneous value）を式(5.4)で表す．

$$v(t) = V_m \sin(\omega t + \theta) \tag{5.4}$$

ここで，V_m はピーク値であるが，正弦波の場合は，**振幅**（amplitude）または**最大値**（maximum value）という．θ は時間の原点 $t = 0$ における電圧値を決める**位相角**（phase angle）で，単に**位相**（phase）とも呼ばれる．したがって，交流電圧に関する測定量は振幅と位相の二つがある．位相は交流電流や他の交流電圧など，他の測定量との比較において問題となる量である．

一般に正弦波交流電圧の大きさを表す量としては，最大値ではなく実効値が用いられ，測定の対象となる．式(5.4)で表された正弦波交流電圧の実効値を V とすれば，式(5.2)から

$$V = \frac{V_m}{\sqrt{2}} \tag{5.5}$$

となる．したがって，瞬時値 $v(t)$ は式(5.6)のようにも書ける．

$$v(t) = \sqrt{2}\ V \sin(\omega t + \theta) \tag{5.6}$$

正弦波交流電圧 $v(t)$ の絶対値の平均値 $\bar{v}$ は式(5.1)から

$$\bar{v} = \frac{2V_m}{\pi} \tag{5.7}$$

となる．正弦波の波形率 α_S は

$$\alpha_S = \frac{\pi}{2\sqrt{2}} \fallingdotseq 1.11 \tag{5.8}$$

となる．

正弦波交流電流も実効値を用いて式(5.6)と同じ形に書くことができるが，交流回路では電圧と電流は一般に位相が異なる．そこで，正弦波交流電流の瞬時値を式(5.9)のように書く．

$$i(t) = \sqrt{2} I \sin(\omega t + \theta - \varphi) \tag{5.9}$$

ここで，I は電流の実効値，φ は電圧と同じ時間の原点を用いたときの電圧と電流の位相差である．

5.1.2 交流電力

ある負荷の両端の電圧が式(5.6)で，負荷に流れる電流が式(5.9)で表されるものとする．このとき**瞬時電力**は

$$p(t) = v(t)\,i(t) = VI\cos\varphi - VI\cos(2\omega t + 2\theta - \varphi) \tag{5.10}$$

となる．式(5.10)には第2項に2倍の周波数成分が現れているが，測定の対象となるのは，1周期の**平均電力**（mean power）

$$P = \frac{1}{T}\int_0^T p(t)\,dt = VI\cos\varphi \tag{5.11}$$

であり，実数となる．この平均電力 P は，負荷が抵抗とコイルあるいはコンデンサの直列回路で構成されている場合は，抵抗で実際に消費され熱になる電力であり，**有効電力**（effective power）という．単位はワット（W）である．

一方，コイルあるいはコンデンサに蓄えられている電力は

$$Q = VI\sin\varphi \tag{5.12}$$

であり，この値 Q を**無効電力**（reactive power）という．無効電力の単位はバール（var）である．var は volt，ampere，reactive power の頭文字をとったもので，人名ではない．したがって，v は大文字にはしない．電圧と電流の実効値の積

$$S = VI = \sqrt{P^2 + Q^2} \tag{5.13}$$

を**皮相電力**（apparent power）という．皮相電力の単位はボルトアンペア（VA）である．

交流電力に関しては，通常，有効電力が測定対象となるが，無効電力あるいは皮相電力も測定される場合があり，それぞれ単位が異なるので，測定量が何であるのかを注意する必要がある．式(5.11)の $\cos\varphi$ と有効電力および皮相電力の間には

$$\cos\varphi = \frac{P}{S} \tag{5.14}$$

の関係がある．したがって，$\cos\varphi$ は皮相電力のどれだけの割合が抵抗で熱となって消費されているかを表す量で，**力率**（power factor）と呼ばれる．

電力 $P(t)$ を式(5.10)の瞬時電力ではなく，時間と共にゆっくり変化する平均電力である

とする．$P(t)$ の時間原点 $t=0$ から $t=h$ までの時間積分値，すなわちエネルギーは

$$W=\int_0^h P(t)\,dt \tag{5.15}$$

であり，これを**電力量**（electric energy）という．この場合，積分時間 h は，1週間や1月といった長い時間である．電力量の単位は，SI 単位では，J あるいは W·s であるが，通常，キロワット時（kW•h）が用いられる．

5.2 計測機器と測定法

ダイオードを用いた整流によって，交流を直流に変換すれば，3章で学習した直流に関する計測機器や測定法が利用できる．本節では，交流を直流に変換して測定する整流形計器とその波形誤差，熱電形電流計，電流力計形計器，三電圧計・三電流計法，誘導形電力量計など種々の交流用計測機器と測定法について学ぼう．

5.2.1 整流形計器

感度がよく最も広く用いられているアナログ指示計器である可動コイル形電流計は，直流しか測定できないので，交流電圧あるいは交流電流を測定できるようにするには，**整流**（rectification）により交流を直流に変換する必要がある．整流には**ダイオード**（diode）が用いられ，**図 5.2**(a)のような**半波整流**と図(b)のような**全波整流**（**両波整流**）があるが，kHz オーダの周波数領域では交流電流から直流電流への変換効率のよい全波整流が多く用いられる．このような整流回路と直流電流計を用いた計器は，**整流形計器**（rectifier type instrument）と呼ばれている．

整流回路を用いた計器は，抵抗 R の値を変えれば，原理的には交流電圧計としても交流電流計としても用いることができる．しかし，整流に用いるダイオードの電圧-電流特性は，順方向で完全に導通状態となるわけではなく，ある電圧値（0.2〜0.5 V 程度）までは高い抵抗を示し，それ以上の電圧で徐々に低い抵抗となる．したがって，増幅器を用いて交流を増幅したあとで整流する必要があり，通常は交流電圧計として構成される．交流電流計を構

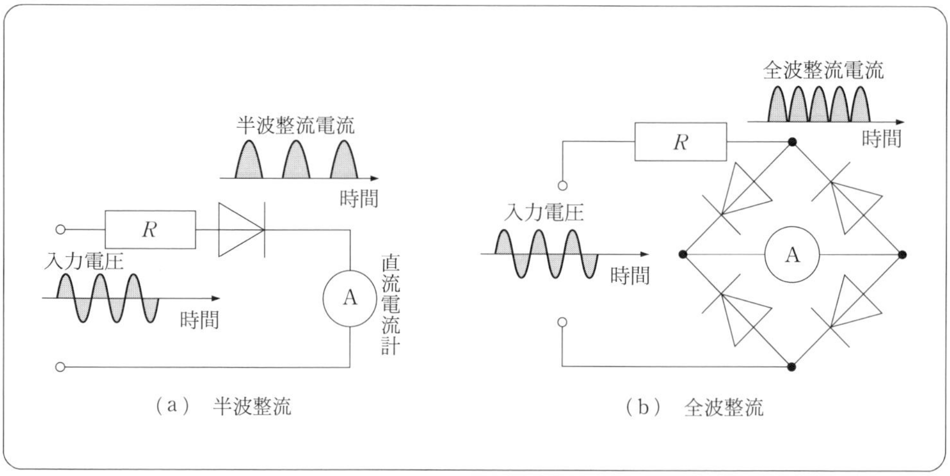

図 5.2　整流形計器

成する場合は，図 3.12 に示したように，抵抗で電流を電圧に変換するか，図 3.13 のように演算増幅器による電流電圧変換を行う．**ディジタル交流電流計**や**ディジタル交流電圧計**は，整流形計器の出力である直流電圧を図 3.14 に示したような A-D 変換を行って構成される．

全波整流の直流電流計に流れる整流電流は，図 5.2(b)のような交流電流の絶対値である．直流電流計が可動コイル形電流計のような応答速度の遅いものであれば，電流の変化に追従できず，その指示値は交流電流の絶対値の平均値となる．しかし，5.1 節で既に述べたように，交流電圧・交流電流に関しては実効値が測定の対象となる．そこで，整流形計器では，入力波形は正弦波であるものとして，正弦波の波形率 1.11 を掛け，実効値を目盛る．この結果，正弦波以外の波形を持つ交流の実効値を，通常の整流形計器で測定した場合には誤差が発生する．この誤差を**波形誤差**という．波形誤差は系統誤差であり，波形が観測できれば補正することが可能である．

例題 5.1　図 5.3 に示す三角波の交流電圧の実効値を測定したいが，整流形交流電圧計の指示値をそのまま測定値としたら，波形誤差の誤差率はいくらか．ただし，整流形交流電

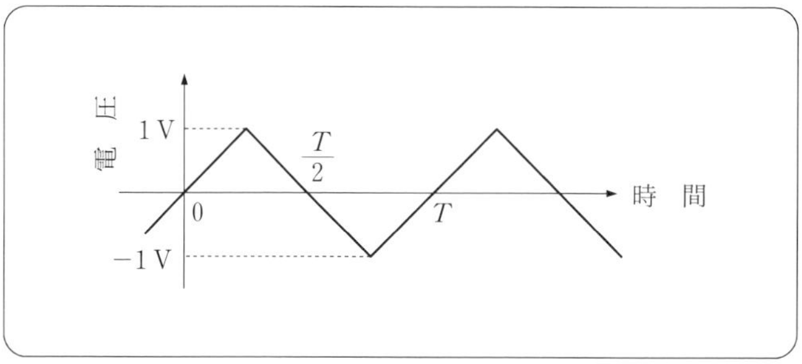

図 5.3　三　角　波

圧計に用いる可動コイル形電流計は，周期 T の変化には追従できないものとする．

解答 全波整流された三角波の平均値は0.5 V であるから，整流形交流電圧計の指示値は0.5 V×1.11＝0.555 V である．一方，測定したい三角波の実効値は，図5.3と式(5.2)から

$$\sqrt{\frac{4}{T}\int_0^{T/4}\left\{\frac{4t}{T}\right\}^2 dt} = \frac{1}{\sqrt{3}} \fallingdotseq 0.577 \quad [\mathrm{V}] \tag{5.16}$$

となり，誤差率は

$$\frac{0.555 - 0.577}{0.577} \times 100 = -3.8 \quad [\%] \tag{5.17}$$

となる．負号が付いていることに注意せよ．

談　話　室

交流測定における負荷効果　直流の電流計・電圧計では内部抵抗が，増幅器を用いたアナログ電子電流計・電圧計では入力抵抗が，系統誤差を考えるうえで問題となった．交流電流計・交流電圧計では，入力端子から計器をみた**内部インピーダンス**あるいは増幅器をみたインピーダンスである**入力インピーダンス**（input impedance）が負荷効果の原因となる．これらのインピーダンスの大きさ（絶対値）は負荷効果を小さく抑えるため，交流電流計ではできるだけ小さいことが，交流電圧計ではできるだけ大きいことが望まれる．

交流電流計と交流電圧計の等価回路は，**図5.4**(a)，(b)のように表される．ここで，Z_A，Z_V はそれぞれ交流電流計と交流電圧計の**等価内部インピーダンス**である．交流電圧計に関しては，等価内部インピーダンスの逆数である等価内部アドミタンスで表すこともある．このように表した場合，交流電流計本体の内部インピーダンスは0，交流電圧計本体の内部インピーダンスは無限大とする．

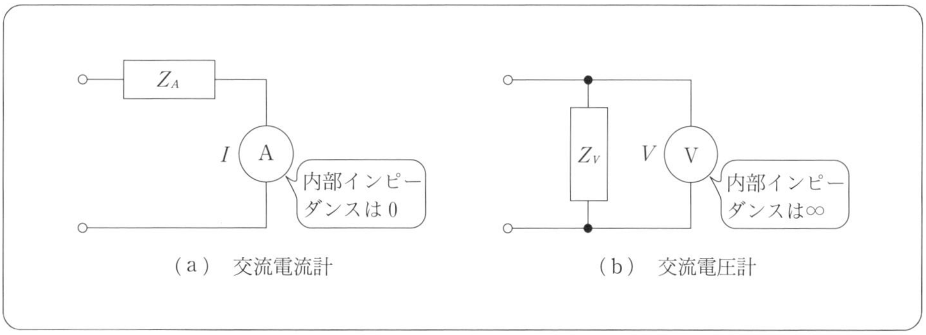

図5.4 交流電流計・交流電圧計の等価回路

負荷効果による系統誤差の考え方は，直流の電流・電圧測定の場合と基本的には同じである．しかし，内部インピーダンスや入力インピーダンス，テブナン等価回路による

交流電源の等価内部インピーダンスはいずれも複素数である．したがって，測定方程式を解くためには，電流や電圧の振幅だけでなく位相の測定も必要となる．このことから，交流の電圧あるいは電流測定では，測定方程式を用いて系統誤差を補正することはあまり行われていない．ただし，6章で述べるように，高精度なインピーダンス測定では測定方程式による誤差補正も行われている．

MHz オーダ以上の高い周波数の電圧を測定するためには，**ピーク値応答形電子電圧計**（**P 形電子電圧計**）といわれる電圧計が広く用いられている．回路の例を**図 5.5** に示す．この回路では，入力の交流電圧が負のときだけダイオード D を通して電流が流れ，コンデンサ C を図のような極性に充電する．この充電は入力電圧が負のピーク値 V_p に達するまで行われる．点 a の電圧はこの直流電圧 V_p と交流電圧 $v(t)$ との和 $V_p + v(t)$ となるが，交流電圧は後段の回路で平均化されて 0 となり，出力は直流電圧 V_p となる．

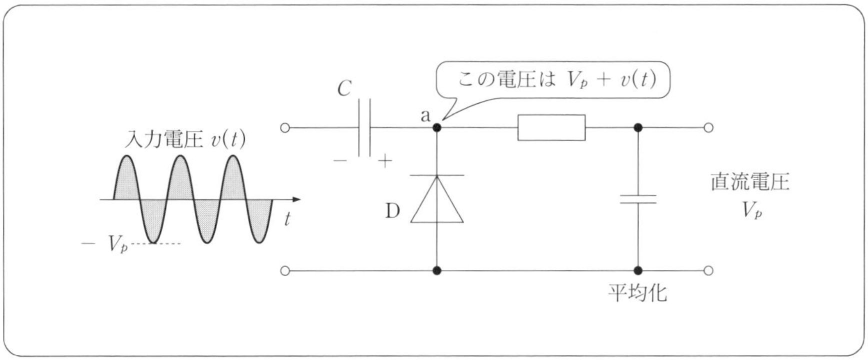

図 5.5　ピーク値応答形電子電圧計（P 形電子電圧計）

MHz オーダ以上の周波数領域での測定では，測定を行うべき端子から電圧計までのリード線が長くなるとリード線のインダクタンスやキャパシタンスが誤差の大きな原因となる．そこで，整流回路部を小形の**プローブ**（probe）内に組み込み，このプローブを測定端子に接続する．この P 形電子電圧計の指示値（目盛）はピーク値あるいは正弦波に対する実効値である．したがって，正弦波以外の実効値を測定する場合には波形誤差を生ずる．

5.2.2 熱電形交流電流計

図 5.6 に示すように，抵抗 R を持つ細い抵抗線（熱線）に周期 T の交流電流 $i(t)$ を流せば，式(5.18)のような電力 P が熱に変換される．

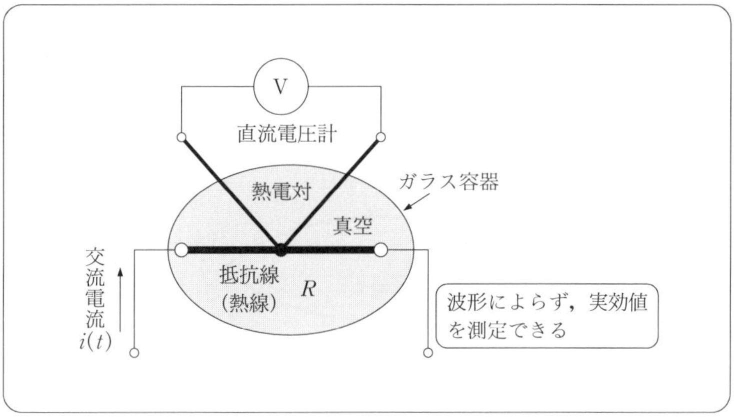

図 5.6　熱電形交流電流計

$$P = \frac{1}{T}\int_0^T R\ i^2(t)\ dt \tag{5.18}$$

この状態で，**熱電対**（thermocouple）の一端を抵抗線に接触させ，高感度の直流電圧計で**熱起電力**（thermoelectromotive force）を測定する．次に，直流電流を流して同じ熱起電力となるようにその大きさを調整すれば，そのときの直流電流 I は

$$I = \sqrt{\frac{P}{R}} \tag{5.19}$$

となるから，直流電流 I が交流電流の実効値に等しくなる．つまり，交流電流を直流電流で置き換えて測定したことになり，これを**直流置換**（DC substitution）という．注意すべきことは，この置き換えは交流電流の波形に依存しないことである．交流電流が正弦波でなくとも，その実効値を測定できる．同様の原理で，交流電力も測定することができるが，交流電流計として構成した計器を**熱電形交流電流計**という．

この交流電流計の原理的な誤差要因は，周波数が高くなると**表皮効果**（skin effect）により抵抗線の抵抗が交流と直流で異なってくること，及び抵抗線における交流と直流の温度分布の違いである．この**置換誤差**（substitution error）を減少させるため，抵抗線をできるだけ細くし，真空のガラス容器に封入する．抵抗線には，白金，ニッケル-クロムなど，熱電対には，銅-コンスタンタン，クロメル-アルメルなどが用いられる．抵抗線の温度は200°C 程度になる．小形に作ることにより，MHz 帯の電流計としても用いることができるが，過電流に弱いことが欠点である．

談　話　室

熱電対　図5.7のように，異種の金属（または半導体）A，Bを2点で接触させ，その2点に温度差を与えると，熱起電力を発生し，電流が流れる．これが**ゼーベック効果**（Seebeck effect）である．熱電対は，このゼーベック効果を利用した温度測定用の素子である．熱起電力は材料と接点1の温度 T_1 と接点2の温度 T_2 の差 $T_1 - T_2$ で決まるから，例えば T_1 を一定の既知の温度に保てば，熱起電力により T_2 が測定できる．

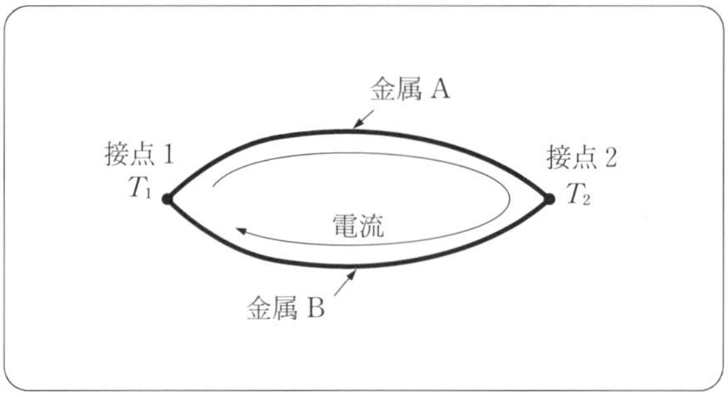

図5.7　ゼーベック効果とペルチエ効果

図5.7の2種の金属接点に電流を流すと，一端は温度が低下し，もう一端は温度が上昇する．これが**ペルチエ効果**（Peltier effect）であり，電子的な温度制御などに利用される．

5.2.3　電流力計形計器，その他の交流アナログ指示計器

図5.8に示すように，可動コイル形電流計の永久磁石を固定コイルに置き換えた計器が**電流力計形計器**（electrodynamometer type instrument）である．可動コイルに流れる電流を i_1，固定コイルに流れる電流を i_2 とすれば，可動コイルに加わるトルクは i_1 と i_2 の積に比例する．これは，直流だけでなく交流に対しても同じである．

交流の周波数が可動コイルの応答速度からみて十分高ければ，電流力計形計器の指示値は，i_1 と i_2 の積の時間平均に比例する．これら二つの電流の実効値をそれぞれ I_1，I_2，位相差を ϕ とし

$$\left.\begin{aligned} i_1(t) &= \sqrt{2}\, I_1 \cos \omega t \\ i_2(t) &= \sqrt{2}\, I_2 \cos(\omega t + \phi) \end{aligned}\right\} \tag{5.20}$$

と書けば，それらの積の1周期 T にわたる時間平均は

$$\frac{1}{T}\int_0^T \sqrt{2}\, I_1 \cos \omega t \sqrt{2}\, I_2 \cos(\omega t + \phi)\, dt = I_1 I_2 \cos \phi \tag{5.21}$$

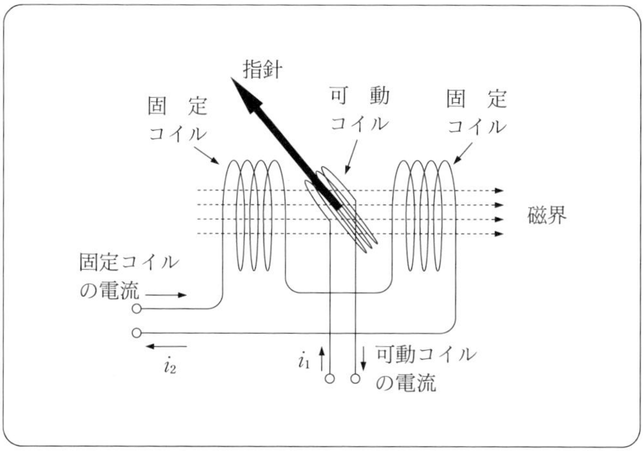

図 5.8　電流力計形計器

となる．したがって，二つのコイルを直列に接続して同じ電流を流すと $\phi=0$ であり，指示値は電流の 2 乗に比例し，電流力計形計器は交直両用の電流計となる．この性質を利用して，交流電流値を直流電流値で置き換えて測定する直流置換も可能である．

図 5.9 に示すように，固定コイルに交流電流を流し，可動コイルに交流負荷の両端の電圧に比例する電流を流せば，式(5.11)の有効電力が測定できる．また，可動コイルの直列抵抗 R の代わりにコイルを接続して，そのインダクタンスにより位相を 90° 変化させれば，式(5.12)の無効電力を測定することもできる．

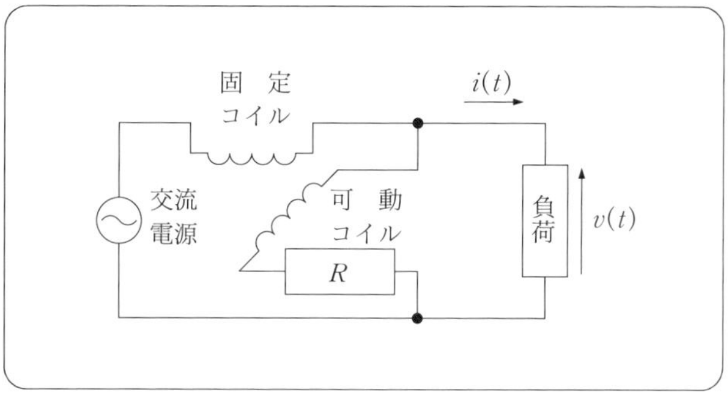

図 5.9　電流力計形計器を用いた交流電力の測定

このほかの交流測定が可能なアナログ指示計器としては，電流力計形計器の可動コイルを鉄片に置き換えた**可動鉄片形計器**（moving-iron type instrument）がある．この計器では固定コイルの電流の方向が逆になっても，鉄片に作用する力の方向は同じであるから，交流電流が測定可能である．直流電流の測定に可動鉄片形計器を用いると，鉄片が次第に磁化し，誤差が大きくなるので，直流電流の測定には用いられない．可動コイル形電流計に比べて，固定コイルの作る磁界の強度が小さいので，外部磁界の影響を受けやすく，磁気シールドを行う必要がある．

静電形計器（electrostatic instrument）は，コンデンサの2枚の電極間に働く静電力を利用したものであるが，静電力は電極間の電圧の2乗に比例した引力であるため，交流電圧の測定が可能である．静電形計器は内部抵抗が非常に大きい電圧計であるが，大きな静電力が必要であるため，高電圧測定に用いられる．これら交流電流あるいは交流電圧が測定できるアナログ指示計器については，3章の表3.1に整理してあるので参照されたい．

5.2.4　三電圧計・三電流計法

図5.10(a)に示す回路において，負荷を流れる電流，及び三つの交流電圧計両端の電圧はそれぞれ振幅と位相を持っている．これらを，時間変化を省略した複素数の**フェーザ**（phaser）**表示**で表し，それぞれ $\dot{I}$，$\dot{V}_1$，$\dot{V}_2$，$\dot{V}_3$ のように文字の上にドットを付ける．負荷を流れる電流 $\dot{I}$ の位相は，負荷両端の電圧 $\dot{V}_1$ の位相よりも φ だけ遅れる．抵抗 R の両端の電圧は，$\dot{V}_2 = R\dot{I}$ で電流 $\dot{I}$ と同位相である．これらの関係を図(b)のベクトル図に示す．

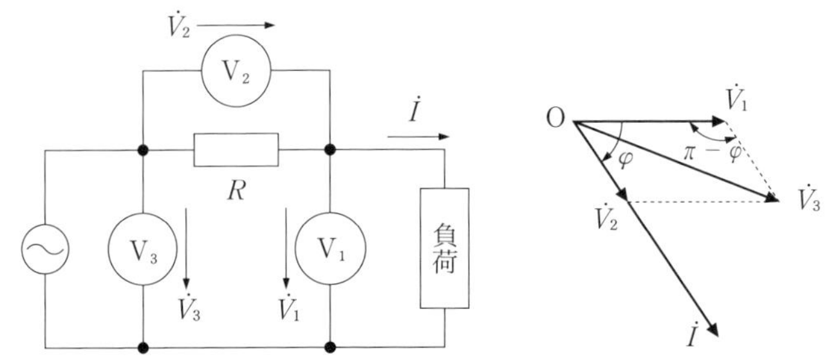

（a）　測定回路　　　　（b）　ベクトル図

図5.10　三電圧計法による交流電力の測定

このベクトル図から

$$V_3^2 = V_1^2 + V_2^2 - 2V_1V_2\cos(\pi - \varphi) = V_1^2 + V_2^2 + 2V_1V_2\cos(\varphi) \qquad (5.22)$$

となる．ここで，ドットの付いていない V_1，V_2，V_3 は，それぞれ $\dot{V}_1$，$\dot{V}_2$，$\dot{V}_3$ の振幅（大きさ）である．式(5.22)から，負荷の両端の電圧振幅 V_1，負荷に直列に接続された抵抗 R の両端の電圧振幅 V_2，及び負荷と抵抗の直列回路両端の電圧振幅 V_3 を測定すれば，負荷に関する有効電力 P は

$$P = V_1 I \cos\varphi = V_1 \frac{V_2}{R} \cos\varphi = \frac{V_3^2 - V_1^2 - V_2^2}{2R} \tag{5.23}$$

のように，三つの電圧計の指示値と抵抗値から計算できる．また，力率 $\cos\varphi$ は式(5.24)で計算できる．この方法を**三電圧計法**という．

$$\cos\varphi = \frac{V_3^2 - V_1^2 - V_2^2}{2V_1 V_2} \tag{5.24}$$

同様の間接測定は，**図 5.11**(a)のように，三つの交流電流計を用いても行うことができる．この**三電流計法**では，負荷に流れる電流の振幅 I_1，負荷に並列に接続された抵抗 R に流れる電流の振幅 I_2，及び負荷と抵抗の並列回路を流れる電流の振幅 I_3 を測定する．有効電力 P と力率 $\cos\varphi$ は，図(b)のベクトル図から，三電圧計法と同様に

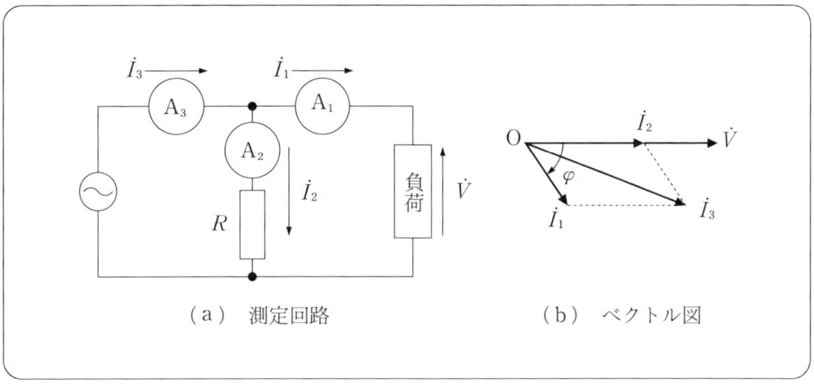

図 5.11 三電流計法による交流電力の測定

$$P = \frac{R(I_3^2 - I_1^2 - I_2^2)}{2} \tag{5.25}$$

$$\cos\varphi = \frac{I_3^2 - I_1^2 - I_2^2}{2I_1 I_2} \tag{5.26}$$

のように計算できる．

これらの方法における誤差要因は，交流電圧計や交流電流計の内部インピーダンスであり，周波数が高くなると誤差が大きくなってくる．このため，三電圧計法，三電流計法は主として数十 Hz 程度の低周波において用いられる．

5.2.5 誘導形電力量計

電力量の代表的な測定器は，家庭や工場などにおける電気使用料金の計算に用いられている**誘導形電力量計**（induction type watthour meter）である．その基本構造を**図 5.12** に示す．コイル W_C の磁束 Φ_I とコイル W_C' の磁束 Φ_I' は負荷に流れる電流 I に比例する．コイル W_C とコイル W_C' は逆向きに巻かれている．一方，コイル W_P のインダクタンスは大きく，磁束 Φ_V は負荷にかかる電圧 V に比例する．

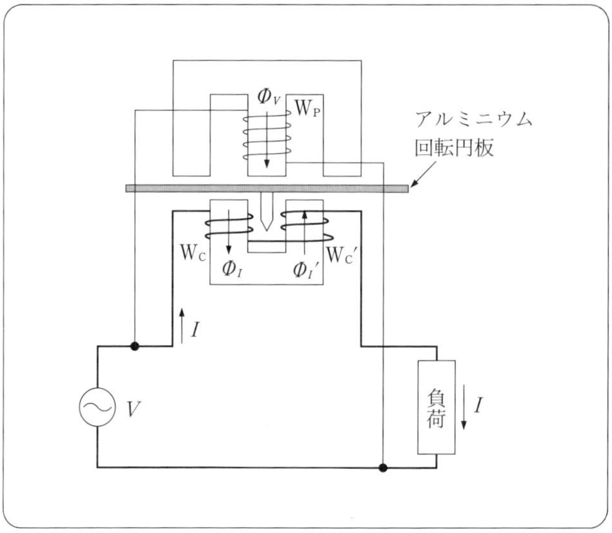

図 5.12　誘導形電力量計の基本構造

この結果，アルミニウム円板には $\Phi_I \to \Phi_V \to \Phi_I'$ と移動する磁界ができ，発電機の原理により円板上に流れる**渦電流**（eddy current）と磁界との相互作用により，円板が回転する．この駆動トルクは負荷における有効電力に比例する．

本章のまとめ

❶ **実 効 値**　交流波形の2乗平均値の平方根　$\langle u \rangle = \sqrt{\dfrac{1}{T}\displaystyle\int_0^T \{u(t)\}^2 dt}$

❷ **有効電力**　抵抗で実際に消費され熱になる電力　$P = VI\cos\varphi$

❸ **無効電力**　コイルあるいはコンデンサに蓄えられている電力　$Q = VI\sin\varphi$

❹ **皮相電力**　電圧と電流の実効値の積　$S = VI = \sqrt{P^2 + Q^2}$

❺ **力　　率**　皮相電力に対する有効電力の割合　$\cos\varphi = \dfrac{P}{S}$

❻ **電 力 量**　電力の時間積分　$W = \displaystyle\int_0^h P(t)\,dt$

❼ **整流形計器**　整流回路と直流電流計を用いた計器

❽ **波 形 誤 差**　正弦波以外の波形の実効値を整流形計器で測定した場合に発生する誤差

❾ **P 形電子電圧計**　ダイオードとコンデンサを用いてピーク値を測定する電圧計

❿ **直流置換**　交流値を直流値で置き換えて測定する方法

⓫ **熱電形交流電流計**　熱電対を用いた交流電流計

⓬ **電流力計形計器**　可動コイル形電流計の永久磁石を固定コイルに置き換えた計器

⓭ **可動鉄片形計器**　可動コイル形電流計の可動コイルを鉄片に置き換えた計器

⓮ **静 電 形 計 器**　コンデンサの2枚の電極間に働く静電力を利用した電圧計

⓯ **三 電 圧 計 法**　$P = \dfrac{V_3^2 - V_1^2 - V_2^2}{2R}$

⓰ **三 電 流 計 法**　$P = \dfrac{R(I_3^2 - I_1^2 - I_2^2)}{2}$

⓱ **誘導形電力量計**　電圧と電流に比例する磁界を移動させて電力量を測定する計器

●理解度の確認●

問 5.1 有効電力を表す式(5.11)は，抵抗で実際に消費され熱になる電力であるのに，負の値もとる．矛盾がないことを説明せよ．

問 5.2 図 5.13 のような波形を持つ非正弦波交流電圧の実効値を図 5.2(b)の全波整流形交流電圧計で測定したら，実際の値よりも大きな値を示すか，小さな値を示すか．ただし，この全波整流形交流電圧計は周期 T の時間変化には追従できないものとする．

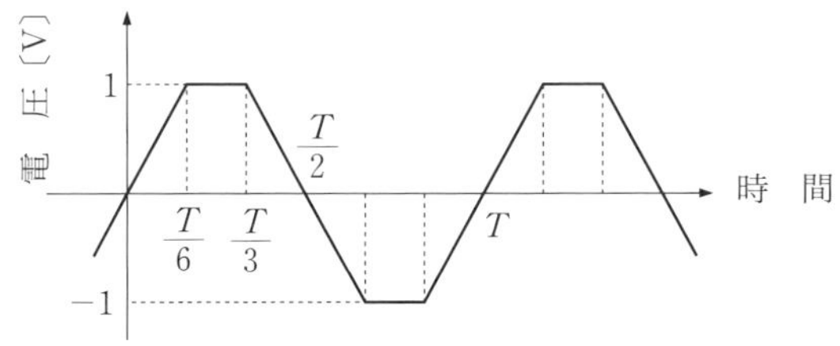

図 5.13 非正弦波交流電圧の波形

問 5.3 図 5.14 のようなダイオード D_1，D_2 を二つ用いた P 形電子電圧計の動作を説明せよ．

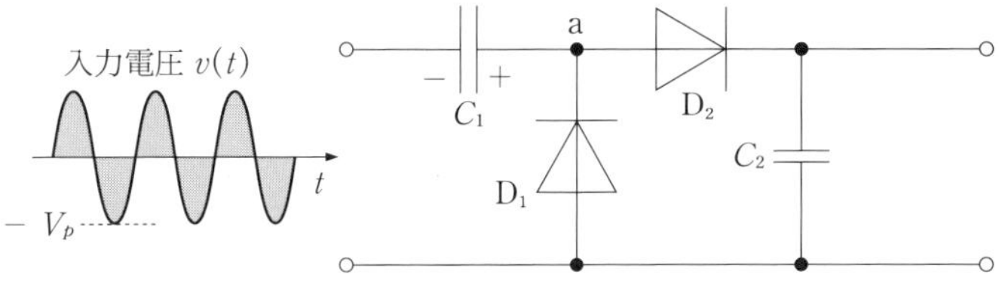

図 5.14 ダイオードを二つ用いた P 形電子電圧計

問 5.4 誘導形電力量計のアルミニウムの円板が，磁界によって回転するのはなぜか．

6 インピーダンスの測定

インピーダンスは，回路に加えた交流電圧とそれによって流れる交流電流の比で定義され，交流回路を取り扱う場合の中心となる概念である．電力を効率よく伝えるため，あるいは信号を正確に伝えるため，インピーダンスの測定は，低周波から MHz 領域の高い周波数領域まで，種々の回路を対象に行われている．本章では，測定量としてのインピーダンスと関連する量の定義，基本的な測定手法について学習する．

6.1 インピーダンス

測定量としてのインピーダンス，アドミタンス及び関連する量の定義と単位，実際に測定の対象となる素子である抵抗，コイル，コンデンサとそれらの回路モデル，リアクタンス素子による損失などについて学ぼう．

6.1.1 インピーダンスとアドミタンス

5章において，交流電圧を式(5.4)で，交流電流を式(5.9)で表したが，ここでは複素数として，ドットを付けて $\dot{V}$，$\dot{I}$ と書き，時間変化を省略した以下のフェーザ表示で表す．

$$\dot{V} = Ve^{j\theta} \tag{6.1}$$

$$\dot{I} = Ie^{j(\theta-\varphi)} \tag{6.2}$$

ここで，V，I は実効値とする．

インピーダンス（impedance）は，素子や回路に加えた交流電圧と流れる交流電流の比

$$\dot{Z} = \frac{\dot{V}}{\dot{I}} = Ze^{j\varphi} \tag{6.3}$$

であり，**大きさ**（magnitude）$Z = V/I$ と，**位相角**（phase angle）あるいは**位相**（phase）φ を持つ．式(6.3)は複素数を極座標で表しているが，直角座標で

$$\dot{Z} = R + jX \tag{6.4}$$

と表すこともできる．実部 R，虚部 X と，大きさ Z，位相角 φ との関係は

$$R = Z\cos\varphi \tag{6.5}$$

$$X = Z\sin\varphi \tag{6.6}$$

あるいは

$$Z = \sqrt{R^2 + X^2} \tag{6.7}$$

$$\varphi = \tan^{-1}\left(\frac{X}{R}\right) \tag{6.8}$$

となる．電圧と電流が直流であれば，$\varphi = 0$ であり，$R = Z$，$X = 0$ となるから，R は回

路の抵抗分を表していることが分かる．X は**リアクタンス**（reactance）と呼ばれ，回路において交流電圧と交流電流の位相差が生じる原因となる．インピーダンスの大きさ（絶対値），リアクタンスとも，その単位は抵抗と同じくオーム（Ω）である．

インピーダンス $\dot{Z} = R + jX$ を持つ負荷に電流 $\dot{I}$ が流れているとき，電流ベクトルを実軸にとり，抵抗両端の電圧 $\dot{V}_R$，リアクタンス両端の電圧 $\dot{V}_X$ の関係及びインピーダンスを図示すれば，**図 6.1** のようになる．

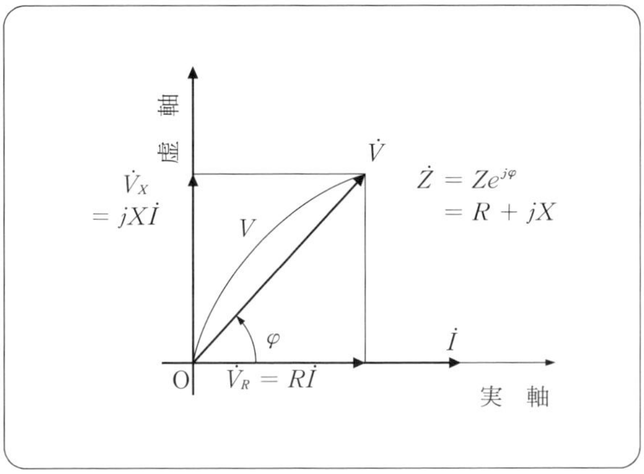

図 6.1　電圧，電流の位相関係とインピーダンス

インピーダンスの逆数を**アドミタンス**（admittance）という．アドミタンスを直角座標で

$$\dot{Y} = \frac{1}{\dot{Z}} = G + jB \tag{6.9}$$

と表したとき，G を**コンダクタンス**（conductance），B を**サセプタンス**（susceptance）と呼ぶ．コンダクタンスとサセプタンスの単位は，いずれも**ジーメンス**（S）である．コンダクタンス，サセプタンスと，抵抗，リアクタンスの関係は

$$G = \frac{R}{R^2 + X^2} \tag{6.10}$$

$$B = \frac{-X}{R^2 + X^2} \tag{6.11}$$

で表される．

6.1.2 抵抗，コイル，コンデンサとそれらの回路モデル

実際の回路素子である抵抗器は純粋な抵抗分だけを，コイル（coil），コンデンサ（capacitor，キャパシタ）は，純粋なリアクタンス分のみを持っているわけではない．例えば物理的に考えると，巻線抵抗器のリード線には**インダクタンス**（inductance）があり，リード線間には**キャパシタンス**（capacitance，**静電容量**）がある．そこで，巻線抵抗器は**図6.2(a)**のような回路で表すことができる．このような回路を**回路モデル**（circuit model）という．巻線抵抗器ではインダクタンス分を無視できない場合が多いが，皮膜抵抗器やソリッド抵抗器では周波数範囲によっては，図(b)のように，インダクタンスを無視して考えることもできる．

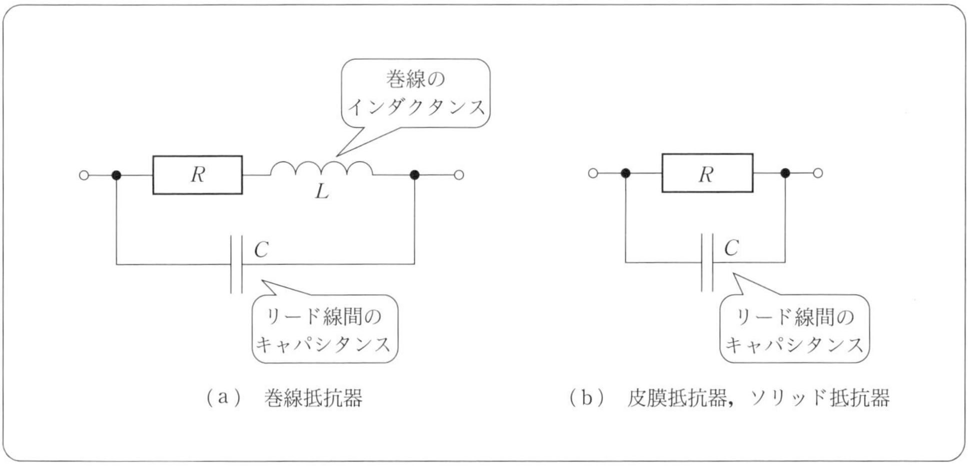

図 6.2 抵抗器の回路モデルの例

回路モデルは等価回路のように，外部から見て全く同じ動作をするものではなく，現象論的に表現したものであるが，パラメータの値を適切に選べば，一定の周波数範囲の電気的な特性を表すことができる．どのような回路モデルが適切であるかは，各素子のインピーダンスの周波数特性を実際に測定し，その結果への適合性によって決められる．

例題 6.1　$R = 100\ \mathrm{k\Omega}$，$C = 2\ \mathrm{pF}$ の巻線抵抗器が純抵抗となるインダクタンス分 L はいくらか．また，その条件において，抵抗分の増加が 10 %以内に収まる周波数範囲を求めよ．

解答　図 6.2(a)の回路モデルからインピーダンスを求めると

$$\dot{Z} = \frac{R + j\omega L}{(1 - \omega^2 LC) + j\omega CR} \tag{6.12}$$

となる．インダクタンス分，キャパシタンス分は小さいから，$\omega L \ll R$，$R \ll 1/\omega C$ とすれば

$$\dot{Z} \fallingdotseq R\{1 + \omega^2 C(2L - CR^2)\} + j\omega(L - CR^2) \tag{6.13}$$

となる．式(6.13)から，純抵抗となるインダクタンス分 L は $L = CR^2 = 20$ mH，抵抗分の増加が 10 %以内に収まる周波数範囲は，$R(1 + \omega^2 LC) = 1.1\,R$ から求めると，直流～252 kHz となる．

コイルは**誘導器**（inductor，**インダクタ**）とも呼ばれる．コイルを流れる電流 I が強さ H の**磁界**（magnetic　field）を作り，この磁界によってコイルの中の**磁心**（core）に**磁束**（magnetic flux）Φ ができる．コイルの中には磁界によるエネルギーが蓄えられる．磁界の単位はアンペア毎メートル（A/m），磁束の単位はウェーバ（Wb）である．単位面積当りの磁束を**磁束密度**（magnetic flux density）という．磁束密度の大きさ B と磁界の強さ H の関係は式(6.14)で表される．

$$B = \mu_0 \mu_S H \quad \text{[T]} \tag{6.14}$$

ここで，μ_0 は真空の透磁率，μ_S は磁心の物質によって決まる**比透磁率**（relative permeability）である．一般には，磁界と磁束密度はベクトル量である．これらについては，8 章において説明する．物質に磁界が加わると**磁化**（magnetization）される．磁化される物質を**磁性体**（magnetic material）という．

磁心に比透磁率の大きい物質を使えば，同じ形状で大きなインダクタンスを持つコイルを作ることができる．主な物質の比透磁率を**表 6.1** に示す．厳密に考えれば，すべての物質は磁性体であるが，鉄，**フェライト**（ferrite），**パーマロイ**（permalloy）など**強磁性体**（ferromagnetic material）と呼ばれる非常に大きな比透磁率を持つ物質以外は，比透磁率は 1 に近い．このため，強磁性体を単に磁性体ということがある．

表 6.1　物質の比透磁率

種　類	物　質	比透磁率
気　体	真　空	1
	空　気	1.000 000 37
	酸　素	1.000 18
液　体	水	0.999 991
	水　銀	0.999 97
固　体	アルミニウム	1.000 21
	銅	0.999 991
強磁性体	鉄	500～5 000
	フェライト	10～10 000
	パーマロイ	10 000～100 000

インダクタンスはコイル中の磁束とコイルを流れる電流の比であり，通常，記号 L で表す．その単位はヘンリー（H）である．

$$L = \frac{\Phi}{I} \quad \text{[H]} \tag{6.15}$$

周波数 f（角周波数 $\omega = 2\pi f$）において，**損失**（loss，抵抗分）のない理想的なコイルの

リアクタンス X_L は

$$X_L = \omega L \quad 〔\Omega〕 \tag{6.16}$$

となる．これを，**誘導性リアクタンス**（inductive reactance）という．実際にはコイルの導線には抵抗がある．コイルの回路モデルの例を**図 6.3** に示す．

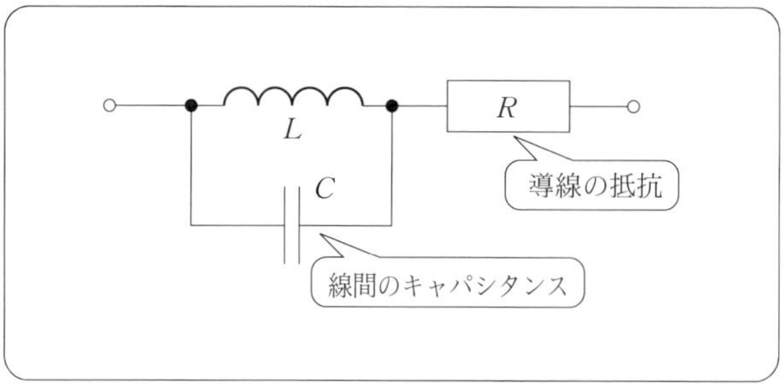

図 6.3　コイルの回路モデルの例

コイルには，磁心にフェライトなどの強磁性体を用いたものと，磁心を用いずに導線をプラスチックなどの巻枠に巻いたものがある．後者は，**空心コイル**と呼ばれる．強磁性体を用いると，小形でインダクタンスが大きなコイルを作ることができる．一方，空心コイルのインダクタンスは小さいが，損失も小さくなる．二つのコイル間の**相互インダクタンス**（mutual inductance）を利用して低周波の電圧変換などに用いられる**変成器**（transformer，**トランス**）は磁心に鉄やパーマロイが用いられる．

コンデンサの 2 枚の電極に電圧 V の電位差を加えると，電荷 Q が蓄積される．キャパシタンスはこの電荷と電圧の比であり，通常，記号 C で表す．その単位はファラド（F）である．

$$C = \frac{Q}{V} \quad 〔\mathrm{F}〕 \tag{6.17}$$

電圧によって，電極間には強さ E の**電界**（electric field）ができる．また，電荷は電極間の**誘電体**（dielectric）に**電束**（electric flux，dielectric flux，誘電束）を作る．コンデンサの中には電界によるエネルギーが蓄えられる．電界の単位はボルト毎メートル（V/m），電束の単位は電荷の単位と同じクーロン（C）である．単位面積当りの電束を**電束密度**（electric flux density，electric displacement）という．電束密度の大きさ D と電界の強さ E の関係は式(6.18)で表される．

$$D = \varepsilon_0 \varepsilon_S E \quad 〔\mathrm{C/m^2}〕 \tag{6.18}$$

ここで，ε_0 は真空の誘電率（$\fallingdotseq 8.855 \times 10^{-12}$ F/m），ε_S は誘電体の物質によって決まる**比誘電率**（relative permittivity，dielectric constant）である．一般には電界と電束密度はベクトル量である．これらについては，8 章において説明する．

誘電体に比誘電率の大きい物質を使えば，同じ形状で大きなキャパシタンスを持つコンデンサが得られる．主な物質の比誘電率を**表 6.2** に示す．**チタン酸バリウム**（$BaTiO_3$）などの大きな比誘電率を持つ物質は，**強誘電体**（ferroelectric material）と呼ばれる．

損失のない理想的なコンデンサのリアクタンス X_C は

$$X_C = -\frac{1}{\omega C} \quad [\Omega] \tag{6.19}$$

であり，負の値をとる．これを**容量性リアクタンス**（capacitive reactance）という．実際にはコンデンサの電極間の誘電体による損失がある．この損失を**誘電損**（dielectric loss）という．

コンデンサの回路モデルの例を**図 6.4** に示す．周波数が高くなると，リード線のインダクタンス分も考慮する必要がある．

表 6.2　物質の比誘電率

種　類	物　質	比誘電率
気　体	真　空	1
	空気（20°C，101 325 Pa）	1.000 5
	水蒸気（100°C，101 325 Pa）	1.006
液　体	パラフィン油（20°C）	2.2
	エチルアルコール（25°C）	24.3
	純水（20°C）	80
固　体	テフロン	2.1
	溶融石英	3.8
	マイカ	6〜7
	シリコン	11.7
	ゲルマニウム	16.3
強誘電体	チタン酸バリウム	2 000〜5 000

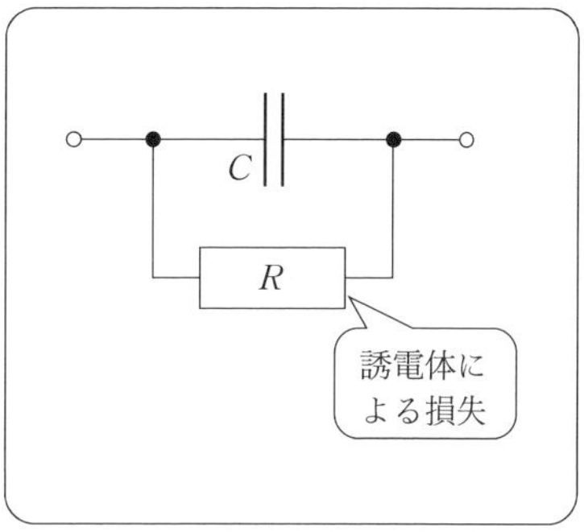

図 6.4　コンデンサの回路モデルの例

コンデンサには，電極間に誘電体物質を用いたものと，空気のままとしたものがある．後者は，**空気コンデンサ**と呼ばれる．誘電体物質として強誘電体を用いると，キャパシタンスの大きなコンデンサを作ることができる．また，アルミニウムの表面に電解液を接触させると極めて薄い酸化物の絶縁膜ができ，これを誘電体とすると大きなキャパシタンスが得られる．このようなコンデンサを**電解コンデンサ**（electrolytic capacitor）という．空気コンデンサのキャパシタンスは小さいが，誘電体物質としての空気による損失は小さく，**可変容量コンデンサ**（variable capacitor，**可変コンデンサ**）を作ることが容易である．

空気コンデンサによる可変容量コンデンサは，対向する電極面積を機械的に変化させるが，半導体の pn 接合で作ったダイオードに逆バイアスをかけると可動部のない電子的な可変容量コンデンサができる．これを**可変容量ダイオード**と呼ぶ．

6.1.3　リアクタンス素子の損失の表示

リアクタンス素子（コイルやコンデンサ）にどの程度の損失（抵抗分）があるのかを示すパラメータとして Q と**損失係数**（dissipation factor）がある．Q は元来 quality factor の略号であったが，現在では単に Q と呼ばれ，リアクタンス分 X の大きさと抵抗分 R の比

$$Q = \frac{|X|}{R} \tag{6.20}$$

として定義されている．Q は一般にコイルに対して用いられ，コンデンサについては通常 Q の逆数である損失係数

$$D = \frac{1}{Q} \tag{6.21}$$

が用いられる．D はまた，インピーダンスの位相角 φ の余角

$$\delta = \frac{\pi}{2} - \varphi \tag{6.22}$$

の正接 $\tan\delta$ と等しい．

$$D = \tan\delta \tag{6.23}$$

これを**誘電正接**あるいは**タンデルタ**と呼ぶ．

談　話　室

集中定数回路と分布定数回路　　低周波では，回路の配線に用いられる導線や機器を接続する線路は，異なる端子を同電位にしたり端子間に電流を流すために用いられ，導線自身が電気信号に影響を与えたり何らかの変換を行ったりするものであるとは考えない．例えば，**図 6.5** に示すように，交流電源と負荷インピーダンスが，2本の導線で接続されている場合を考えてみよう．低周波では，異なる位置での電圧の瞬時値 V_1 と V_2 は等しいとみなす．このように，抵抗，コンデンサ，コイルなどの素子に電気的な機能

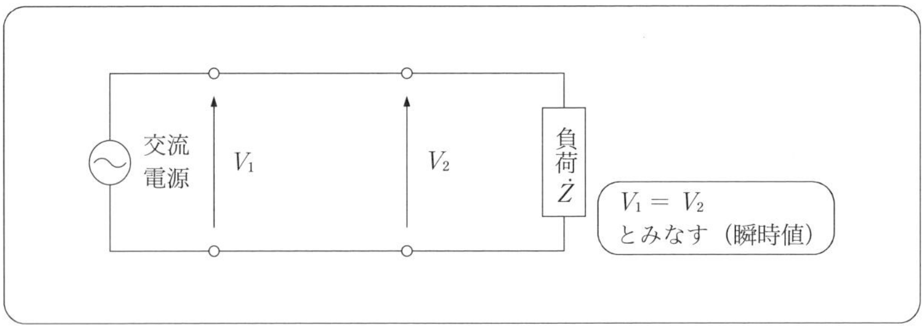

図 6.5　低周波における回路の電圧

が集中していると考えた回路を**集中定数回路**（lumped constant circuit）という．

しかし，MHz オーダ以上の高周波・マイクロ波領域においては，回路の配線自体がインダクタンスやキャパシタンスを持つ**分布定数回路**（distributed constant circuit）として考えなければならない．また，回路や機器間の信号伝送に用いる線路も分布定数回路として考える必要があり，これを**伝送線路**（transmission line）と呼ぶ．伝送線路の各位置での電圧や電流は，同一時刻でも異なった値をとる．したがって，電圧と電流の比であるインピーダンスも線路の各位置で異なった値となる．

本書では，回路を集中定数回路として取り扱っている．注意すべきことは，集中定数回路，分布定数回路という回路があるわけではなく，同一の回路に対して，集中定数回路として考えたり，分布定数回路として取り扱ったりするのである．これは，周波数，回路の寸法，そして必要とする測定精度によって決まる．これらの条件や分布定数回路の測定については，他の参考書を参照されたい．

6.2 計測機器と測定法

インピーダンスは複素数であるため，その測定法は抵抗の測定に比べて，複雑になる．本節では，測定量の定義を踏まえて，基本的な計測機器と測定法，及び高精度なインピーダンス測定のための誤差補正について学ぼう．

6.2.1 交流ブリッジ

交流ブリッジ（alternating-current bridge，AC bridge）は，**交流四辺ブリッジ**と**変成器ブリッジ**（transformer bridge）に分けられる．交流四辺ブリッジは，抵抗測定用のホイートストンブリッジにおいて，直流電源を交流電源に，抵抗をインピーダンスに，検流計を交流の検出器 D に置き換えたものである．その基本構成を**図 6.6** に示す．

電源の周波数は，1 kHz あるいは 1.592 kHz（角周波数 $\omega = 10^4$ rad/s）がよく用いられる．検出器は，増幅器を持つ交流電流計であるが，雑音の影響を低減するために，電源の周波数だけを増幅する**選択増幅器**（selective amplifier）を用いるのが一般的である．

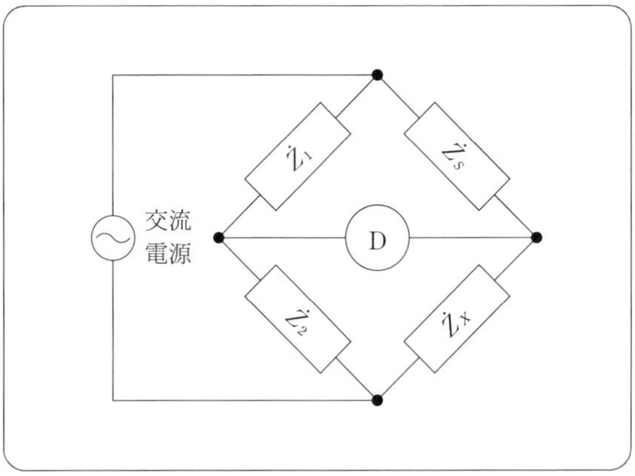

図6.6 交流ブリッジ

検出器に流れる電流が0（検出器両端間の電圧が0）となる平衡条件は式(6.24)のように，形式的にはホイートストンブリッジと同じである．

$$\dot{Z}_X = \frac{\dot{Z}_2}{\dot{Z}_1}\dot{Z}_S \tag{6.24}$$

ここで，$\dot{Z}_X$ は被測定インピーダンス，$\dot{Z}_S$ は既知の値を持つ標準インピーダンス，$\dot{Z}_1$ と $\dot{Z}_2$ は比例辺を構成するインピーダンスである．

比例辺のインピーダンスを同一の位相角を持つ素子で構成したブリッジを**比例辺ブリッジ**（ratio arm bridge）という．例えば，抵抗で比例辺を構成すれば，被測定インピーダンスと同一の種類の標準インピーダンスを用いて測定を行うことができる．ただし，この場合もインピーダンスは複素数であるから，標準インピーダンスの抵抗とリアクタンスの両方を変化させて平衡をとる必要がある．また，標準インピーダンスを構成する抵抗はリアクタンス分が無視できるもの，リアクタンスは抵抗分が無視できるものとする必要がある．

一方，対角辺を同一の位相角を持つ素子で構成する交流四辺ブリッジを**積形ブリッジ**（product bridge）という．この構成では，標準インピーダンスのリアクタンスは，被測定インピーダンスのリアクタンスと逆の種類になる．その例として，マクスウェルブリッジ（Maxwell bridge）を**図6.7**に示す．

このブリッジの平衡条件は

$$L_X = R_1 R_4 C_S \tag{6.25}$$

$$r_X = R_1 R_4 \frac{1}{R_S} \tag{6.26}$$

となる．したがって，r_X をコイルの損失とすれば，標準インピーダンスのコンデンサの容量 C_S と抵抗値 R_S によって，コイルのインダクタンス L_X と損失 r_X が測定できる．

変成器ブリッジは，**図6.8**のように，交流四辺ブリッジの2辺を変成器（トランス）の巻

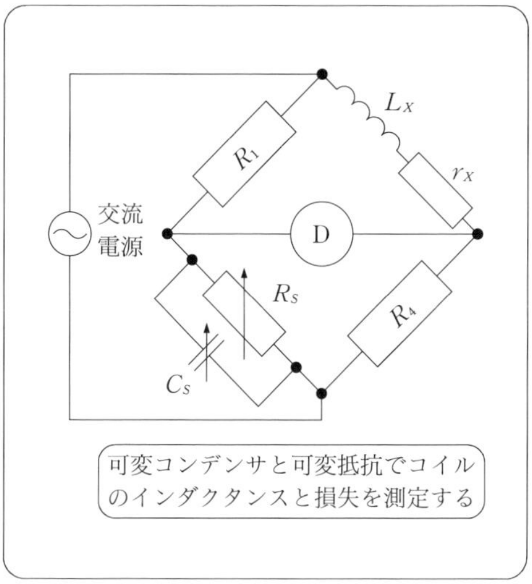

図 6.7　マクスウェルブリッジ

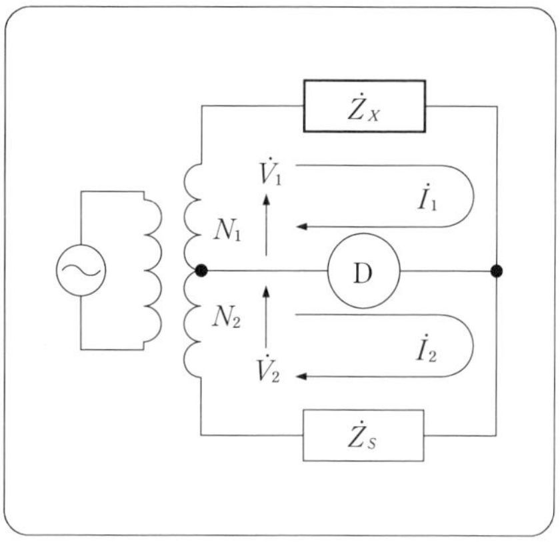

図 6.8　変成器ブリッジ

線部分で置き換えて構成される．電圧 $\dot{V}_1$ と $\dot{V}_2$ は同じ位相であり，その比は巻数 N_1 と N_2 の比に等しい．したがって，平衡条件 $\dot{I}_1 = \dot{I}_2$ が成り立つとき

$$\dot{Z}_X = \frac{N_1}{N_2}\dot{Z}_S \qquad (6.27)$$

によって，被測定インピーダンス $\dot{Z}_X$ を，既知の値を持つ標準インピーダンス $\dot{Z}_S$ で測定できる．

6.2.2　Q メータ

Q メータは *LC* 回路の直列共振を利用してコイルのインダクタンスと損失を求めるための測定器であるが，コンデンサの測定にも利用できる．その基本回路を**図 6.9** に示す．ここで，*C* は既知の値を持つ可変標準コンデンサのキャパシタンス，*r* はコイルの抵抗分（損

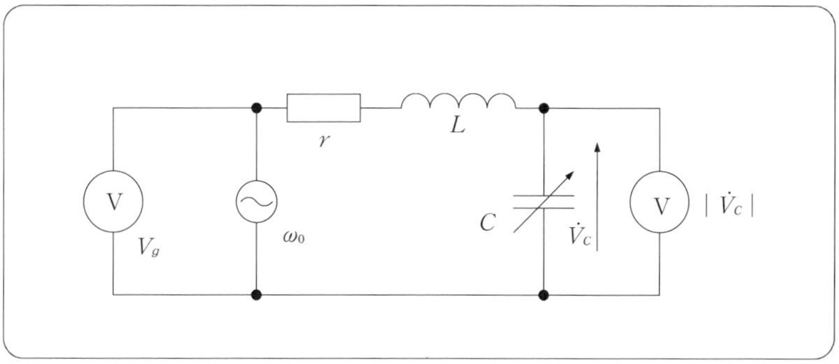

図 6.9　*Q* メータの基本回路

失）である．

最初に，交流電源の起電力の大きさ V_g と，角周波数 ω_0 を測定しておく．可変標準コンデンサのキャパシタンスを変化させ，コンデンサの両端に接続された交流電圧計の指示値が最大となるようにする．この状態は直列共振であり

$$L = \frac{1}{\omega_0^2 C} \tag{6.28}$$

から，インダクタンス L が計算できる．このとき，流れる電流の大きさは $I_0 = V_g/r$，コンデンサの両端の電圧 $\dot{V}_C$ は電流の位相を基準として

$$\dot{V}_C = \frac{1}{j\omega_0 C} I_0 = \frac{V_g}{j\omega_0 C r} \tag{6.29}$$

となる．コイルの Q は

$$Q = \frac{\omega_0 L}{r} = \frac{1}{\omega_0 C r} \tag{6.30}$$

であるから，式(6.31)でコイルの Q と抵抗分が測定できる．

$$Q = \frac{|\dot{V}_C|}{V_g} \tag{6.31}$$

$$r = \frac{V_g}{\omega_0 C |\dot{V}_C|} \tag{6.32}$$

コンデンサのキャパシタンスを測定するには，被測定コンデンサを接続しない状態で，可変標準コンデンサを調整し，回路を直列共振させる．このときの可変標準コンデンサのキャパシタンスを C_0 とする．

次に，**図 6.10**（a）のように，被測定コンデンサ C_X を並列に接続し，可変標準コンデンサを調整し，同じ周波数で共振させる．このときの可変標準コンデンサのキャパシタンスを

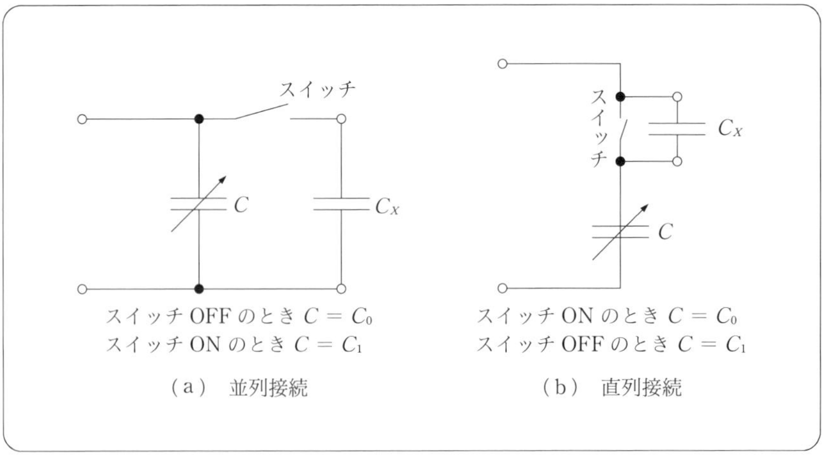

図 6.10　Q メータを用いたコンデンサの測定

C_1 とすれば

$$C_X = C_0 - C_1 \tag{6.33}$$

によって C_X が測定できる．

しかし，この並列接続では，被測定コンデンサのキャパシタンス C_X が大きいと同じ周波数で共振状態とならない場合がある．そのときは，図 6.10(b)のように直列に接続する．並列接続と同様に，接続しない状態の C_0 と接続したあとの C_1 から，

$$C_X = \frac{C_0 C_1}{C_1 - C_0} \tag{6.34}$$

で C_X が測定できる．この直列接続は，並列接続と逆に，被測定コンデンサのキャパシタンスが小さいと同じ周波数で共振させられない．

例題 6.2　Q メータにインダクタンス 1 mH のコイルを接続して，周波数を 1 MHz とした．

（1）可変標準コンデンサがいくらのとき計器の指針の振れが最大となるか．

（2）測定された Q の値が 60 であった．コイルの抵抗分はいくらか．

解答　式(6.28)から

$$C = \frac{1}{(2\pi \times 10^6)^2 \times 10^{-3}} \fallingdotseq 25 \ \text{[pF]}$$

式(6.30)から

$$r = \frac{2\pi \times 10^6 \times 10^{-3}}{60} \fallingdotseq 105 \ [\Omega]$$

6.2.3 位相測定を用いた電圧電流計法

インピーダンスは，回路素子に加えた交流電圧と流れる交流電流の比で定義されているから，抵抗の測定と同様，この定義どおりに，電圧と電流の測定結果からインピーダンスを計算によって求めることができる．ただし，ここで使用する電圧計と電流計は振幅だけでなく位相も測定可能な**ベクトル電圧計**（vector voltmeter），**ベクトル電流計**（vector ammeter）でなければならない．

位相測定（phase measurement）は，基本的には時間差の測定であり，何らかの基準となる信号との時間差を求める．例えば，**図 6.11** のように，被測定信号と同じ周波数を持ち，位相の基準となる次のような参照信号を用意する．被測定信号と参照信号を共に方形波に変換し，これら二つの方形波を**掛算器**（multiplier）に入力して積をとると，結果として得られる方形波の時間幅が位相差に比例する．この出力方形波を時間平均すれば時間幅を測定することができる．あるいは，繰り返し間隔が既知の**クロックパルス**（clock pulse）に出力

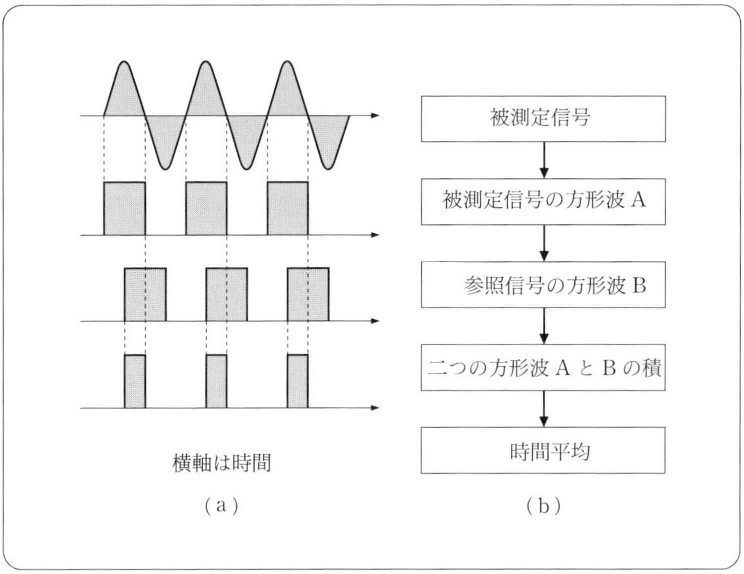

図 6.11　方形波変換による位相の測定

方形波で**ゲーティング**（gating）を行い，通過したパルス数を数えればディジタル的な位相測定が行える．

上記のような方法で位相（位相差）を測定し，振幅は通常の交流電圧計で測定すればベクトル電圧計が構成できる．交流電流の振幅と位相は，低抵抗の両端の電圧をベクトル電圧計によって測定し計算することができる．この構成を以下便宜上，ベクトル電流計と呼ぶ．

この方法では，**図 6.12**(a)，(b)のように，電圧と電流の測定回路が 2 種類考えられる．ここで，$\dot{Z}_V$ はベクトル電圧計の内部インピーダンス，$\dot{Z}_I$ はベクトル電流計の内部インピーダンスである．内部インピーダンスが無限大の理想的なベクトル電圧計と，内部インピー

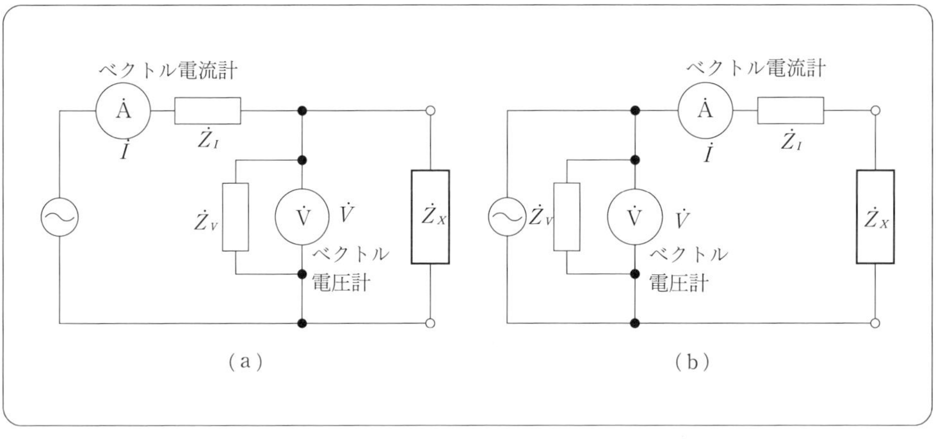

図 6.12　電圧電流測定法における 2 種類の測定回路

ダンスが0の理想的なベクトル電流計を用いれば，どちらの回路でも同じ結果が得られる．しかし，実際には4.2節で述べた電圧電流計法による抵抗の測定と同様，図(a)の接続においては，ベクトル電圧計の内部インピーダンス $\dot{Z}_V$ が，図(b)の接続においては，ベクトル電流計の内部インピーダンス $\dot{Z}_I$ が負荷効果の原因となる．

6.2.4 *LCR* メータ

低周波領域～MHz帯では，電圧電流計法における電流測定に増幅器による**電流電圧変換回路**（current-voltage transfer circuit）を用いる．低周波では，電流電圧変換回路として，**図6.13**のような演算増幅器 A を用いた測定回路がよく採用される．この回路では，図3.13と同様，被測定素子のインピーダンス $\dot{Z}_X$ を流れる電流と，帰還抵抗 R_S を流れる電流は等しい．また，－端子と＋端子の間の電位差を0とみなすイマジナリーショートの条件から，交流電源の出力電圧を $\dot{V}_X$ とすれば，流れる電流 i は，$i = \dot{V}_X/\dot{Z}_X = \dot{V}_i/R_S$ となる．したがって，インピーダンス $\dot{Z}_\mathrm{X}$ は

$$\dot{Z}_X = R_S\dot{u} = R_S(u_r + ju_i) \tag{6.35}$$

から求まる．ここで，$\dot{u}$ は交流電源の出力電圧 $\dot{V}_X$ と増幅器の出力電圧 $\dot{V}_i$ の比 $\dot{V}_X/\dot{V}_i$ であり，u_r はその実部，u_i は虚部である．このように，$\dot{V}_X$，$\dot{V}_i$ そのものを測定する必要はなく，その複素振幅比を測定すればよい．ただし，帰還抵抗 R_S は既知でなければならない．複素振幅比の測定に必要な位相測定は，図6.11のような原理を用いる．これらの回路構成による測定器を一括して ***LCR* メータ**（*LCR* meter）と呼ぶ．

MHz領域では利得の低下と位相変化が問題となるため，電位差検出器（null detector,

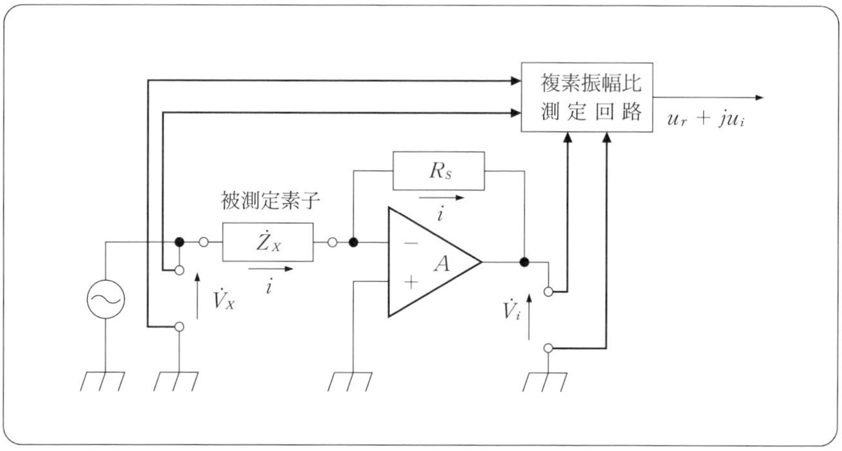

図6.13 電流電圧変換回路を用いる *LCR* メータ

ヌルディテクタ），位相検波器（phase detector），広帯域増幅器（wideband amplifier）などを組み合わせて電流電圧変換回路を構成する．この回路によるインピーダンス測定は，**自動平衡ブリッジ法**（self-balancing bridge）と呼ばれている．

以上の方法ではいずれも，測定器端子におけるインピーダンスを測定する．しかし，実際には端子から被測定素子までの間にはリード線があり，周波数が高くなると浮遊容量やインダクタンスなどの影響が無視できなくなる．また，**SMD**（surface mount device）などの微小な部品のインピーダンスを測定するには，**テストフィクスチャ**（test fixture）と呼ばれる特別な治具が使用され，その特性が測定結果に含まれてしまう．そこで，精度よく測定するためには，これらを一定の回路モデルで表し，その影響に起因する系統誤差（回路誤差）を補正することが行われる．

最も一般に用いられるのは，**図 6.14** に示すように，リード線やテストフィクスチャの影響を**二端子対回路**（two port circuit）の**縦続行列**（cascade matrix）で表す方法である．ここで，A，B，C，D は縦続行列の要素（複素数）であり，二端子対回路の入力電圧・入力電流 $\dot{V}_1$，$\dot{I}_1$ 及び出力電圧・入力電流 $\dot{V}_2$，$\dot{I}_2$ とは式(6.36)の関係がある．

$$\left.\begin{aligned}\dot{V}_1 &= A\dot{V}_2 + B\dot{I}_2 \\ \dot{I}_1 &= C\dot{V}_2 + D\dot{I}_2\end{aligned}\right\} \tag{6.36}$$

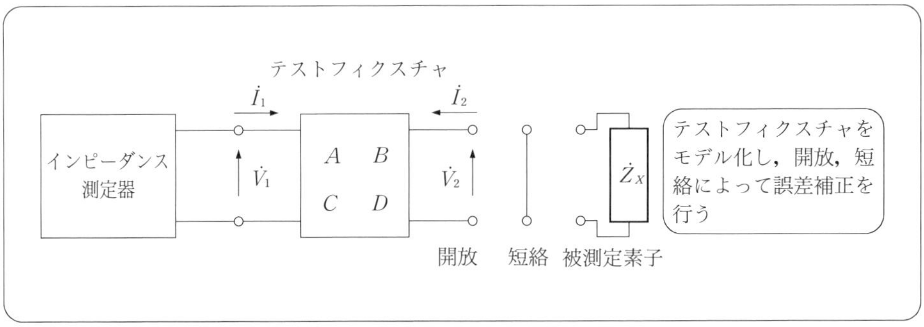

図 6.14　誤差補正のためのモデル化

このモデルで，二端子対回路が**対称回路**（symmetrical circuit）であると仮定すれば，接続端子を**開放**（open），**短絡**（short）とすることにより，以下のようにして**誤差補正**（error correction）ができる．誤差補正がされていない測定値を $\dot{Z}_{mX}$ とすれば

$$\dot{Z}_{mX} = \frac{\dot{V}_1}{\dot{I}_1} = \frac{A\dot{V}_2 + B\dot{I}_2}{C\dot{V}_2 + D\dot{I}_2} \tag{6.37}$$

接続端子を開放したときの測定値を $\dot{Z}_{mo}$，短絡したときの測定値を $\dot{Z}_{ms}$ とすると

$$\dot{Z}_{mo} = \frac{A}{C} \tag{6.38}$$

$$\dot{Z}_{mS} = \frac{B}{D} \tag{6.39}$$

対称回路では $A = D$ であり，比測定素子のインピーダンス $\dot{Z}_X$ は

$$\dot{Z}_X = \frac{\dot{V}_2}{\dot{I}_2} \tag{6.40}$$

これらの関係から式(6.41)のように補正できる．

$$\dot{Z}_X = \dot{Z}_{mO}\frac{\dot{Z}_{mS} - \dot{Z}_{mX}}{\dot{Z}_{mX} - \dot{Z}_{mO}} \tag{6.41}$$

この方法を**開放/短絡補正**（open-short calibration）という．二端子対回路が対称回路であると仮定できない場合は，接続端子を開放状態と短絡状態とするほかに，インピーダンス値が既知の負荷を一つ接続する．この方法は**開放/短絡/負荷補正**（open-short-load calibration）と呼ばれている．

本章のまとめ

❶ **インピーダンス**　素子や回路に加えた交流電圧と流れる交流電流の比

$$\dot{Z} = \frac{\dot{V}}{\dot{I}} = Ze^{j\varphi}$$

❷ **リアクタンス**　インピーダンスの虚部（単位：オーム（Ω））

❸ **アドミタンス**　インピーダンスの逆数　$\dot{Y} = \frac{1}{\dot{Z}} = G + jB$

❹ **コンダクタンス**　抵抗の逆数（単位：ジーメンス（S））

❺ **サセプタンス**　アドミタンスの虚部（単位：ジーメンス（S））

❻ ***Q***　リアクタンス素子にどの程度の損失があるのかを示すパラメータ

$$Q = \frac{|X|}{R}$$

❼ **損失係数**　$D = \frac{1}{Q}$

❽ **誘電正接（タンデルタ）**　$D = \tan\delta$

❾ **交流四辺ブリッジ**　ホイートストンブリッジに相当する交流ブリッジ

❿ **変成器ブリッジ**　交流四辺ブリッジの２辺を変成器の巻線部分で置き換えたもの

⓫ ***Q*** **メータ**　LC 回路の直列共振を利用したインピーダンスの測定器

⓬ **ベクトル電圧計，ベクトル電流計**　振幅と位相が測定可能な電圧計，電流計

⓭ ***LCR*** **メータ**　電圧，電流の複素振幅比を測定するインピーダンス測定器

●理解度の確認●

問 6.1　図 6.4 のコンデンサの回路モデルで，C が 1 μF，並列抵抗分 R が 1 MΩ となった．周波数 100 kHz におけるコンダクタンス G，サセプタンス B，損失係数 D，誘電正接 $\tan\delta$ を求めよ．

問 6.2　図 6.15 のように，Q メータにおいて，インダクタンスに直列に被測定インピーダンス $\dot{Z}_X$ を接続して $\dot{Z}_X$ を測定するための式を導け．

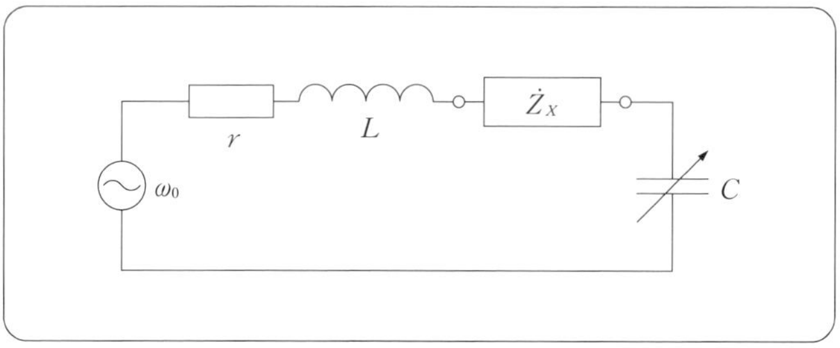

図 6.15　Q メータによるインピーダンスの測定

問 6.3　図 6.14 の縦続行列を用いた誤差補正後に残る系統誤差（回路誤差）は，何によって生ずるか．

7 波形計測，周波数の測定

波形の観測，波形パラメータの測定は，理工学の広い分野において行われているが，電気に関する計測においても，5.2節で学んだ整流形計器のように，波形が正弦波でない場合には，誤差の原因となることがあり，波形に関する測定は重要である．また，2章で述べたように，周波数はあらゆる物理量の中で最も正確に測定可能な量であり，電力などのエネルギーに関連した量の測定においても，インピーダンスなど回路パラメータの測定においても，まず周波数を測定しておく必要がある．

7.1 波形計測

記録計やオシロスコープなど，波形観測に用いられる計測機器の原理，波形に関するパラメータ，オシロスコープを用いて波形パラメータを精度よく測定するために使われるプローブについて学ぼう．

7.1.1 記録計

広い意味では，次項で説明するオシロスコープも**記録計**（recorder）の一種であるが，ここでは，**記録紙**（chart，**グラフ用紙**）に電圧あるいは電流の時間変化を記録する**グラフ記録計**（graph recorder）について述べる．現在最も広く用いられている記録計は，**自動平衡記録計**（self-balancing recorder）である．その基本構成を図 7.1 に示す．

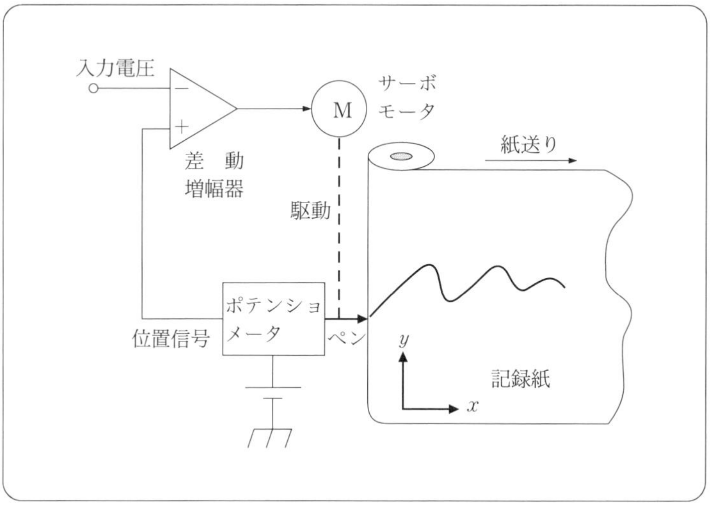

図 7.1 自動平衡記録計の基本構成

直流電源とポテンショメータにより，記録用紙に波形を描くためのペンの位置に比例した位置信号電圧を作る．入力電圧（被測定電圧）と位置信号電圧の差を**差動増幅器**（differential amplifier）で増幅し，その差が 0 となるようにフィードバックをかけサーボモータを回してペンの位置を変える．入力電圧と位置信号電圧が等しくなるとサーボモータは停止する．差動増幅器にフィードバックをかけるこの回路は，入力からほとんど電流が流れず，入力インピーダンスを非常に高くできる．

記録紙は，円筒に巻かれており，時刻の推移とともに，駆動モータによって送り出す．ペンが入力電圧の時間変化に追従する速さは 100 cm/s 程度であり，数 Hz 程度以下の時間変化しか観測できないが，逆にきわめてゆっくりと時間変化する測定量を長期にわたって記録するのに適している．

自動平衡記録計の駆動機構を二つ用意し，二つの入力により，それぞれ固定した記録紙の横方向（x 方向）と縦方向（y 方向）にペンを動かせば，それらの入力の関係を描くことができる．この記録計は **X-Y 記録計**（X-Y recorder，**X-Y レコーダ**）と呼ばれている．これにより，例えば，ダイオードの電圧-電流特性などを描くことができる．

7.1.2 オシロスコープ

オシロスコープ（oscilloscope）は，種々の電気・電子機器の開発や製造などにおいて，広い分野にわたって波形観測に使用される重要な計測器である．低周波における波形計測には，前項で述べた自動平衡記録計と類似の**ペンレコーダ**や，光ビームによる**電磁オシログラフ**（oscillograph）なども用いられることがあるが，MHz オーダあるいはそれ以上の周波数成分を含む電気信号の波形を観測できる計測器としては，オシロスコープが唯一のものといってよい．

図 7.2 に示すような，**ブラウン管**（cathode-ray tube，**CRT**）を用いる波形計測装置が最も古くからあるオシロスコープであり，現在でも広く用いられている．CRT の電子ビームを観測したい信号の振幅に応じて**垂直軸**の方向に偏向し，観測したい信号にタイミングを合わせて**のこぎり波電圧**（sawtooth voltage）を作る．図の**トリガ信号**（trigger signal）はこのためのものである．のこぎり波と観測したい信号のタイミングを合わせることを，**同期**（synchronization）をとるという．

一定の時間推移に比例して電子ビームを**水平軸**の方向にも振り，時間波形を蛍光面に描く．CRT は信号の振幅測定器と表示装置を兼ねている．この方式のオシロスコープは**アナログオシロスコープ**（analog oscilloscope）と呼ばれている．

オシロスコープによる波形計測では，同一周期の異なる波形を同時に観測して比較したいことが多い．アナログオシロスコープでこの動作を行わせるために，二つの波形を 1 周期ごとに交互に切り換えて表示する**オルタネート**（alternate）**方式**と，速い周期で二つの波形を切り換える**チョップ**（chop）**方式**の二つの方式があり，目的によって使い分けられてい

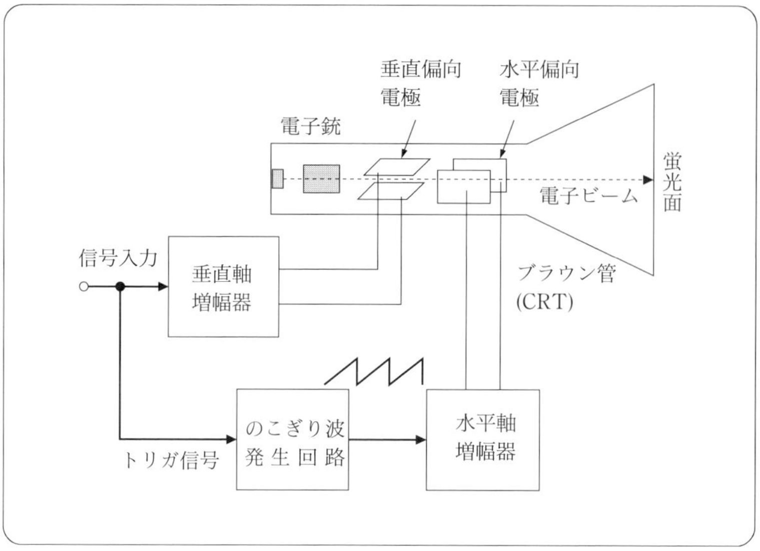

図7.2　アナログオシロスコープの基本構成

る．この2現象表示を用いると，位相差の測定が可能である．

A-D変換器を用いて入力のアナログ信号をディジタル信号に変換し，半導体メモリに記憶するオシロスコープが，**ディジタルオシロスコープ**（digital oscilloscope）である．ディジタルオシロスコープの基本構成を**図7.3**に示す．A-D変換しメモリに記憶したあとのデータ処理部，波形表示部は一種のコンピュータであると考えればよい．したがって，表示装置はCRTでなくともよい．

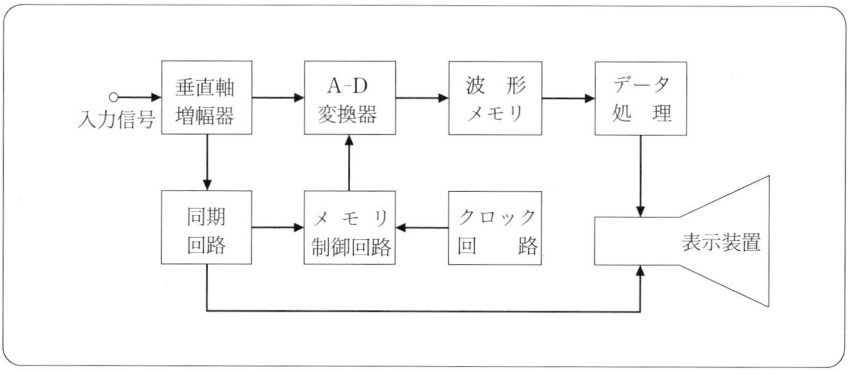

図7.3　ディジタルオシロスコープの基本構成

入力信号をA-D変換し，半導体メモリに記憶する専用の装置を**波形ディジタイザ**（waveform digitizer）あるいは，**トランジェントディジタイザ**（transient digitizer）などと呼ぶこともあるが，これらもディジタルオシロスコープの一種と考えてよい．

垂直軸の感度（垂直軸1目盛の最小電圧）はアナログオシロスコープ，ディジタルオシロスコープとも 1〜10 mV 程度であり，電圧の測定精度は±2 %程度が普通である．ディジタルオシロスコープの周期信号に対する水平軸の周波数帯域は直流から数十 GHz 以上であり，超高速・広帯域の波形観測が可能である．

7.1.3 オシロスコープによる波形パラメータの測定

5.1 節において，周期波形のパラメータとしてピーク値，ピークピーク値，平均値，実効値について説明した．これらはいずれもオシロスコープを用いて測定可能である．ディジタルオシロスコープを使用すれば，波形の各点の瞬時値はメモリに記憶されているから，定義どおりに計算することで，精度よくこれらのパラメータを測定することができる．機種によっては，計算プログラムが内蔵されているディジタルオシロスコープもある．

ほかに，**波形パラメータ**としては，**パルス幅**（pulse width），**立上り時間**（rise time），**立下り時間**（fall time）が重要である．ただしこれらは，特定の波形を指定しなければ定義できない．IEC（国際電気標準会議）の規格では，これらを規定するために**図 7.4** のような，**方形パルス**（rectangular pulse）が入力された場合の RLC 回路の応答を想定している．立上り時間は，0 から基本振幅 A に達するまでの時間のうち，10 %から 90 %までの遷移時間である．これらは，周期波形だけでなく**単発パルス**（single shot pulse）に対しても適用される．

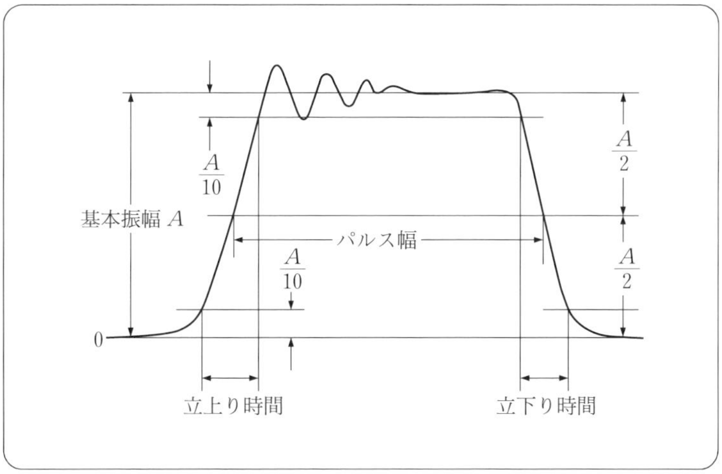

図 7.4　パルス波形のパラメータ

オシロスコープは一種の電圧測定器であるから，被測定回路に与える影響を小さく抑えるためには，その入力インピーダンスは大きいほどよいことになる．一方，入力インピーダンスによる観測波形のひずみも考慮する必要がある．これらを考えるため，オシロスコープの入力部を**図 7.5** に示すように抵抗 R_i とコンデンサ C_i の並列回路モデルで表す．この並列回路モデルの R_i，C_i は，それぞれ 1 MΩ，20 pF 程度で，高速で変化する電圧波形を観測する場合には過渡現象によって波形がひずむ．そこで，波形ひずみを小さく抑えるために，図のような，**プローブ**（probe）が用いられる．

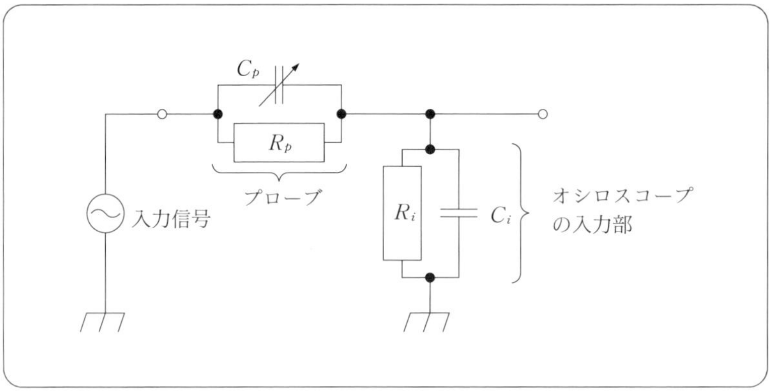

図 7.5　オシロスコープ入力回路モデルとプローブの基本回路

プローブに要求されることは，入力抵抗をできるだけ大きくすることと，波形ひずみをできるだけ小さく抑えることである．後者を考えてみると，プローブの R_p，C_p とオシロスコープへの入力部の R_i，C_i が

$$R_p C_p = R_i C_i \tag{7.1}$$

の関係を満足すれば，オシロスコープの入力電圧 V_i が**周波数によらずに**，プローブの入力電圧 V_p によって式(7.2)のように決まる．

$$V_i = \frac{R_i}{R_p + R_i} V_p \tag{7.2}$$

したがって，波形のひずみが抑えられる．プローブのコンデンサの値 C_p は，ケーブルが持つ容量の影響などを補正するために半固定とし，調整できるようになっているのが普通である．

また，式(7.1)の条件が満たされると，プローブの入力抵抗は $R_p + R_i$ となる．したがって，プローブの R_i と C_i の値を適切に選べば，波形ひずみの低減と，入力抵抗の増加を同時に実現できる．ただし，例えばプローブの入力抵抗をオシロスコープの入力抵抗の 10 倍になるようにすると，式(7.2)からオシロスコープへの入力電圧は 1/10 となる．つまり，プローブは感度を犠牲にして入力抵抗を大きくしていることになる．

例題 7.1　図 7.5 の入力部の並列回路モデルを持つオシロスコープにおいて，$R_i = 1$ MΩ，$C_i = 100$ pF のとき，入力抵抗を 10 倍にするプローブを設計せよ．

解答　入力抵抗は $R_p + R_i$ となるから，$R_p = 9$ MΩ，$C_p = \dfrac{R_i}{R_p} C_i \fallingdotseq 11$ 〔pF〕

7.2 周波数の測定

周波数を測定するために広く用いられている周波数カウンタ，及びウィーンブリッジと *LC* 共振周波数計，オシロスコープのリサジューの図形による周波数の比較と位相差の測定法について学ぼう．

7.2.1 周波数カウンタ

周波数カウンタ（frequency counter）は，正弦波信号をパルス信号に変換し，ディジタル回路によってパルス数を数える測定器であり，その精度のよさと使用に特別の技術がいらないことから，周波数を測定するために最も広く使用されている．周波数カウンタには，単位時間（1 秒）当りのパルス数を数える**直接計数方式**と，1 周期の時間を測定する**レシプロカル方式**がある．

図 7.6 の直接計数方式では，入力正弦波信号は波形変換回路で 1 周期ごとに一つのパルス

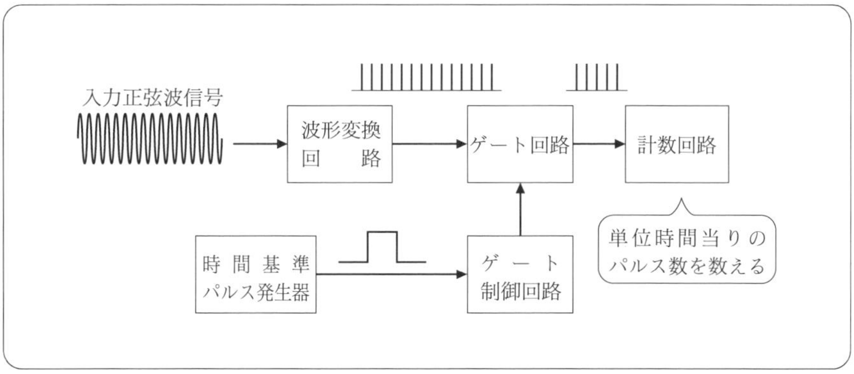

図 7.6　直接計数方式の周波数カウンタ

を持つパルス列に変換される．このパルス列を**ゲート**（gate）**回路**に入れる．ゲート回路は，高い安定度を持つ**水晶発振器**（crystal oscillator）で構成された時間基準パルス発生器により一定時間だけゲートを開き，パルス列を通過させる．通過したパルス数を**計数回路**（counter）で数える．例えば，ゲートを開いている時間が正確に1秒であれば，計数回路で数えたパルス数が周波数測定結果となる．したがって，測定結果の分解能は被測定信号の周波数に依存する．例えば，ゲートを開いている時間が1秒のとき，100 Hzの信号を測定する場合の分解能は2桁となる．

図7.7に，レシプロカル方式の周波数カウンタの基本的な構成を示す．この方式では，**時間基準パルス発生器**（time base oscillator）で作られたパルス列をゲート回路に入れる．ゲート回路は，入力信号を波形変換した方形波により入力信号の1周期 T だけゲートを開いている．ゲートを通過したパルス数を計数回路で数えれば，入力信号の1周期が何秒であるかが測定される．この方式では，直接計数方式と逆に，測定結果の分解能は被測定信号の周波数に依存しないが，分解能を上げるには，時間基準パルス発生器のクロック周波数を向上させる必要がある．

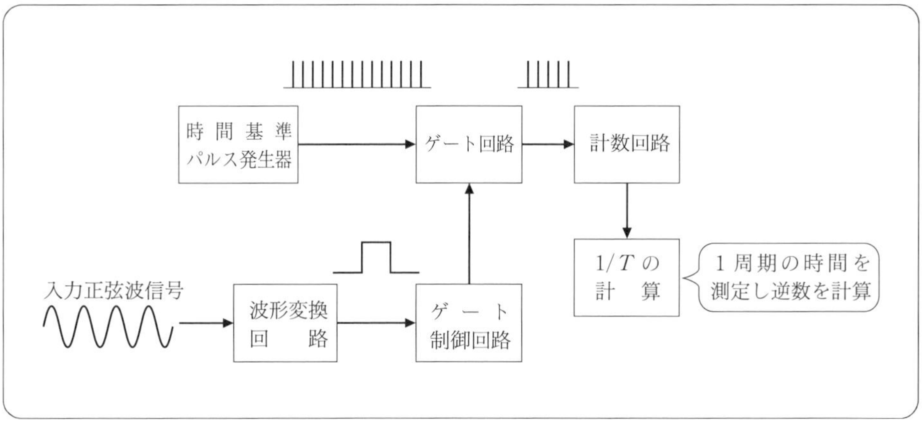

図7.7　レシプロカル方式の周波数カウンタ

周期を測定するには，周波数カウンタ以外に，オシロスコープを用いることができる．すなわち，正弦波の波形をオシロスコープの画面上に描かせれば，水平軸（時間軸）の目盛から1周期の時間が求められる．しかし，オシロスコープの時間軸の測定精度は周波数カウンタよりはるかに劣る．

7.2.2 ウィーンブリッジと *LC* 共振周波数計

図 7.8 に示す交流ブリッジの一種であるウィーンブリッジにおいて，検出器 D の両端の電位差が 0 となる平衡条件は

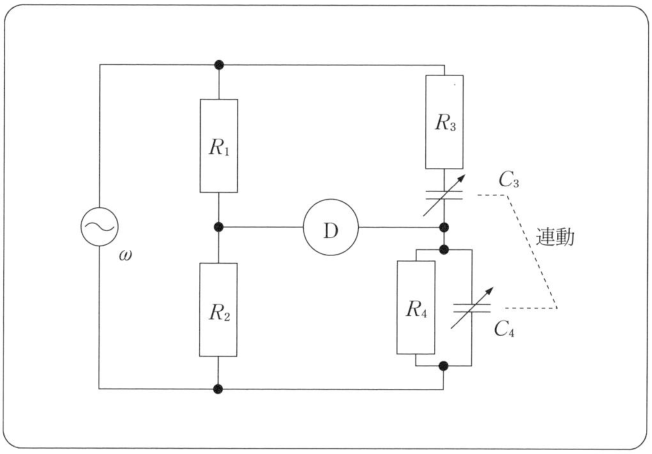

図 7.8　ウィーンブリッジ

$$\frac{R_1}{R_2} = \frac{R_3}{R_4} + \frac{C_4}{C_3} \tag{7.3}$$

$$\omega^2 C_3 C_4 R_3 R_4 = 1 \tag{7.4}$$

のように周波数が含まれるので，これを利用して周波数の測定を行うことができる．例えば，$R_1 = 2R_2$，$R_3 = R_4 = R$，$C_3 = C_4 = C$ のように回路を簡単化すれば

$$f = \frac{1}{2\pi CR} \tag{7.5}$$

が満足されると平衡する．したがって，上辺と下辺の抵抗 R あるいはコンデンサ C を連動して変化させれば R と C の値及び平衡条件から発振器の周波数 f が測定できる．図では，コンデンサを連動して変化させている．この方法は，高い周波数では浮遊容量や導線のインダクタンス分などにより精度が低下するため，通常 kHz オーダの低周波の周波数測定に限り用いられる．

LC 共振周波数計は，**図 7.9** に示すように，コイル L と空気コンデンサ C で構成される共振回路を利用するもので，通常，並列共振回路を用い，コンデンサの容量を変化させる．図の回路では

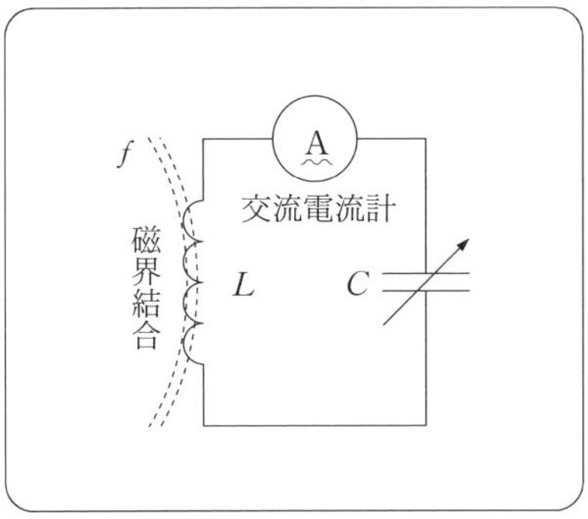

図7.9　**LC 共振周波数計**

$$f = \frac{1}{2\pi\sqrt{LC}} \qquad (7.6)$$

を満たすとき，電流計の指針の振れが最大となり，コイル L とコンデンサ C の値から周波数 f が計算できる．

7.2.3 周波数の校正

周波数あるいは時間の測定を正確に行うためには，基準となる周波数と比較し校正する必要がある．LC 共振周波数計などの回路定数から周波数を計算する方法では，経年変化をチェックするためにも，定期的な校正を行う必要がある．周波数カウンタは，単独で周波数が測定可能であるようにもみえるが，内部の時間基準パルス発生器（水晶発振器）は，周波数の標準によって校正されている．

LC 共振器などを用いた発振器の周波数と，より周波数が正確にわかった発振器の周波数を比較するため，オシロスコープの**リサジューの図形**（Lissajous's figure）を利用することができる．7.1.2 項では，時間変化波形を観測するためのオシロスコープの原理を示した．そこでは，オシロスコープの水平軸には，電圧が時間推移に比例するのこぎり波が加えられたが，リサジューの図形を描かせるためには，**図 7.10** に示すように，水平軸と垂直軸の両方に正弦波信号を加える．

水平軸に加える電圧を x，垂直軸に加える電圧を y としたとき，これらの正弦波を式(7.7)，(7.8)のように表す．

$$x = V_x \sin(\omega t) \qquad (7.7)$$

$$y = V_y \sin(\omega t + \varphi) \qquad (7.8)$$

ここで，φ は位相差である．これらの式から時間 t を消去すれば

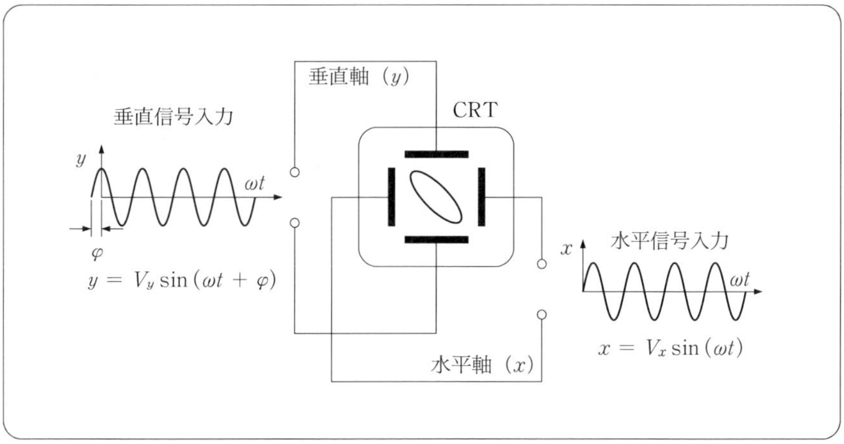

図 7.10　リサジューの図形を描かせるための基本構成

$$\frac{x^2}{{V_x}^2}+\frac{y^2}{{V_y}^2}-2\frac{xy}{V_xV_y}\cos\varphi=\sin^2\varphi \tag{7.9}$$

と楕円を表す式が得られる．つまり，水平軸に加える周波数と垂直軸に加える周波数が一致すると，画面には楕円が描かれる．例えば，垂直軸に被測定信号を加え，水平軸に周波数が既知でかつ可変の信号を加えて，楕円を描かせるようにすれば，そのとき両者の周波数は等しい．

楕円の形状は両方の信号の位相差 φ によって異なり，**図 7.11** に示す寸法 a，b との間には

$$\frac{b}{a}=|\sin\varphi| \tag{7.10}$$

という関係があるので，位相差の測定に利用することもできる．この楕円の形状は，位相差が 0°，180°のとき直線に，90°のとき円となる．

しかし，式(7.10)からでは，一つの a/b について四つの解が得られてしまう．そこで，

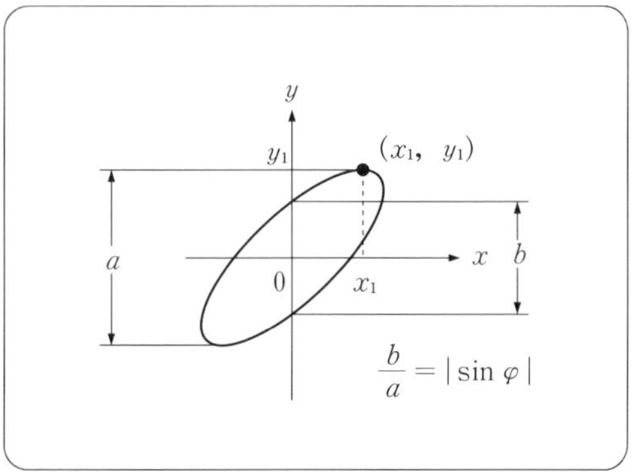

図 7.11　リサジューの図形の楕円の形状

式(7.9)の楕円の性質を利用して，不要な解を除外しよう．まず，図 7.11 の座標 (x_1, y_1) に注目すると，式(7.9)から

$$x_1 = V_x \cos\varphi \tag{7.11}$$

なる関係が成立する．したがって，$V_x > 0$ に留意すれば，$x_1 > 0$ ならば $\cos\varphi > 0$，$x_1 < 0$ ならば $\cos\varphi < 0$ であり，これによって二つの解が除かれる．周波数が高い場合は，残る二つの解から，一つだけをリサジューの図形によって選択することはできない．ただし，周波数が低く，CRT 上の輝点の動きがわかる場合は，式(7.7)，(7.8)において $t = 0$ 近傍における値から，輝点が右回りか左回りかによって位相差を一つに確定できる．

例題 7.2 オシロスコープの x 軸に振幅 V_x の正弦波を加え，y 軸には振幅と周波数は同じであるが位相差が φ の正弦波を加えたところ，CRT 上に y 方向の最大幅が 4.0 V，y 軸との交点の間隔が 2.0 V の楕円が描かれた．振幅 V_x と位相差 φ はいくらか．複数の可能性があれば，それらをすべて答えよ．

解答 振幅 V_x は 4.0 V の半分 2.0 V である．位相差 φ は b/a であるから，式(7.10)より，$\pm 30°$，$\pm 150°$ のどれかである．

既に 2 章で説明したように，時間と周波数の標準は，定義に従って構成されたセシウム 133の原子時計である．周波数標準である原子時計の精度は10^{-13} オーダと極めて高い．この標準を基に，JJY のコールサイン（標識名）を持つ長波帯の**標準電波**（40 kHz，60 kHz）が発射されている．また，テレビ電波の**カラーサブキャリヤ信号**の周波数は，$5 \times (63/88)$ MHz と決まっており，これを標準として利用することもできる．このように，周波数は極めて精度の高い標準が維持され，標準電波という便利な方法により，一般に供給されている．

談　話　室

リサジューの図形　オシロスコープの水平軸に周波数 f_x，垂直軸に周波数 f_y の正弦波を加え，それらの周波数比 $f_x : f_y = m : n$（m，n は整数）と位相差を変化させると，いろいろなリサジューの図形を描くことができる．例えば，**図 7.12** は $f_x : f_y = 5 : 6$ で位相差 0 の正弦波を入力させた場合のリサジューの図形である．

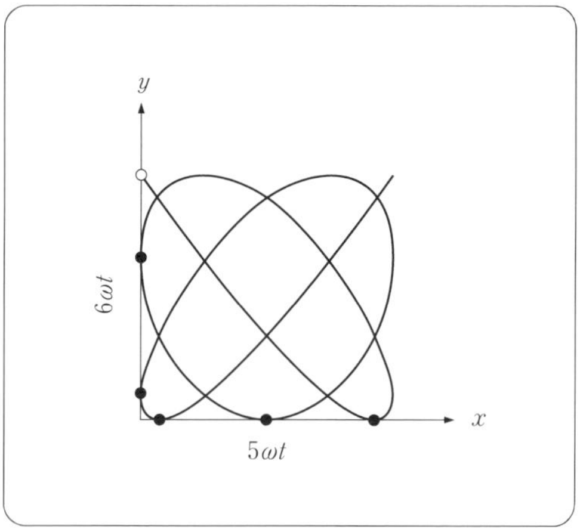

図 7.12　$f_x : f_y = 5 : 6$ のリサジューの図形

リサジューの図形の周波数比を知るには，図のようにして x 軸，y 軸と接している回数を数える．黒丸のように曲線が接していれば 2 回，白丸のように直線の端が接していれば 1 回と数える．x 軸に n 回，y 軸に m 回接していれば，周波数比は $f_x : f_y = m : n$ である．

このように周波数の比がわかれば，リサジューの図形を用いた周波数の比較は，水平軸の周波数と垂直軸の周波数が等しくなくてもよい．

本章のまとめ

❶ **自動平衡記録計**　入力電圧と基準電圧の差が 0 となるようにサーボモータを駆動する記録計

❷ **アナログオシロスコープ**　入力電圧によりブラウン管（CRT）の電子ビームを偏向させる波形計測装置

❸ **ディジタルオシロスコープ**　A-D 変換器を用いて入力のアナログ信号をディジタル信号に変換し半導体メモリに記憶するオシロスコープ

❹ **プローブ**　オシロスコープの観測波形のひずみを抑えるための回路

❺ **周波数カウンタ**　正弦波信号をパルス信号に変換し，ディジタル回路によってパルス数を数える測定器

❻ **直接計数方式**　単位時間当りのパルス数を数える周波数カウンタの方式

❼ **レシプロカル方式**　1周期の時間を測定する周波数カウンタの方式

❽ **ウィーンブリッジの平衡条件の周波数**　$f = \dfrac{1}{2\pi CR}$

❾ **LC 並列共振周波数**　$f = \dfrac{1}{2\pi\sqrt{LC}}$

❿ **リサジューの図形**　オシロスコープの水平軸と垂直軸に正弦波信号を加えることでCRT画面に描かれる図形

●理解度の確認●

問 7.1　アナログオシロスコープにおいて，CRT画面の波形が静止して見えるためには，どのような条件が必要か．

問 7.2　周波数カウンタの二つの方式の原理を述べ，それらを比較せよ．

問 7.3　オシロスコープの水平軸（x 軸）に振幅 V_x，周波数 3 Hz の正弦波を加え，垂直軸（y 軸）には振幅・周波数は同じであるが位相差が φ の正弦波を加えたところ，CRT上に y 軸方向の最大幅が 3.0 V，y 軸との交点 A，B の間隔が 1.5 V で，左回りの**図 7.13** のような楕円が描かれた．振幅 V_x と位相差 φ はいくらか．

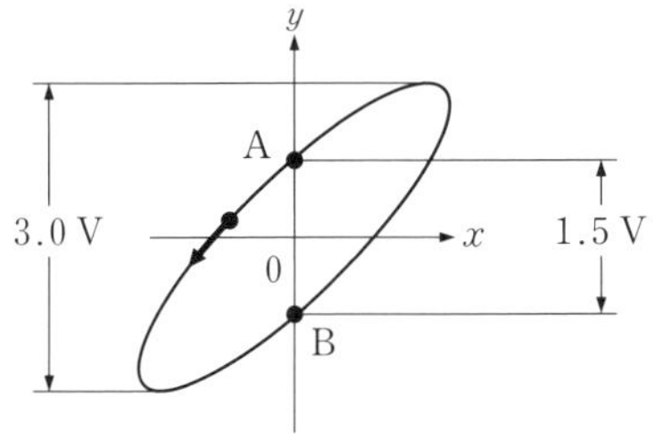

図 7.13　左回りのリサジューの図形

8 磁気に関する測定

本章では，時間的に変化しない静磁界と媒質中の磁束密度の測定，及び磁性材料の磁気特性に関する測定について学習する．静電界に関する測定と比べて，静磁界の測定及び材料の磁気特性の測定はこれまで多くの方法が工夫され発達してきた．この理由は，地球自身が一つの大きな磁石で常に地磁気が存在し，地球物理学的な関心が高かったこと，電動機や発電機など重要な工学的応用があったためである．

8.1 静磁界と磁束の測定

磁気に関する測定の基礎として，ベクトル量としての磁界と磁束密度，具体的な磁界発生源と磁界の強さについて学び，代表的な静磁界と磁束の測定法について理解しよう．

8.1.1 磁界と磁束，磁束密度

既に 6 章において，磁界 H と磁束密度 B の関係を示したが，そこでは磁界と磁束密度をスカラ量で表した．実際には，これらは大きさだけでなく，作用する方向を持つベクトル量である．例えば，磁界 $\boldsymbol{H}$ は直角座標系において

$$\boldsymbol{H} = H_x\boldsymbol{i}_x + H_y\boldsymbol{i}_y + H_z\boldsymbol{i}_z \tag{8.1}$$

と表される．ここで，$\boldsymbol{i}_x$，$\boldsymbol{i}_y$，$\boldsymbol{i}_z$ はそれぞれ，x 方向，y 方向，z 方向の単位ベクトルである．ベクトル $\boldsymbol{H}$ の大きさ

$$H = \sqrt{H_x^2 + H_y^2 + H_z^2} \tag{8.2}$$

を**磁界の強さ**あるいは**磁界強度**（magnetic field strength）と呼ぶ．また，x 方向成分の大きさ H_x を，x 方向の磁界の強さあるいは磁界強度と表現する．ほかの成分についても同じである．

異方性などの磁気的に特別な性質を持たない通常の物質中では，ベクトル量である磁界 $\boldsymbol{H}$ と磁束密度 $\boldsymbol{B}$ の関係は式(8.3)のようになる．

$$\boldsymbol{B} = \mu_0\mu_S\boldsymbol{H} \tag{8.3}$$

この式によれば，ベクトルの成分ごとに，あるいは各方向について，係数を $\mu_0\mu_S$ とする比例関係が成り立っている．6.1.2 項に示した式(6.14)は，ある特定の方向における関係である．したがって，磁界に媒質の透磁率を掛けると磁束密度が得られるので，磁界の測定と

磁束密度の測定はほぼ同じであると考えてよい．以上述べたことは，磁界を電界，磁束密度を電束密度に置き換えれば，電界と電束密度の関係においても同様である．

談　話　室

磁界の強さ　磁界は magnetic field という概念であるとし，作用する方向を持つベクトル $\boldsymbol{H}$ を「磁界の強さ」と表現することがある．電磁気学ではこのような表現が多い．一方，ベクトル $\boldsymbol{H}$ の大きさ，あるいは方向成分の大きさを**磁界の強さ**あるいは**磁界強度**と表現する場合もある．後者の表現は，計測の分野で一般的であり，静磁界・低周波磁界の測定では磁界の強さ，kHz 以上の周波数領域では磁界強度という用語が使われることが一般的である．

本書ではベクトル量の大きさを磁界の強さあるいは磁界強度と表現する．ただし，どの分野においても，ここでいう磁界の強さを簡単のため単に「磁界」と表現することが多い．本書でも，混乱するおそれがない場合には省略した表現を用いる．これは電界についても同様である．

SI 単位系では，磁界の強さの単位はアンペア毎メートル（A/m），磁束の単位はウェーバ（Wb）であるから，磁束密度の大きさの単位は，ウェーバ毎平方メートル（$\mathrm{Wb/m^2}$）であるが，テスラ（T）という固有の名称の単位を用いることが許容されている．

磁界の強さについてある程度感覚的に把握するため，**地磁気**（earth magnetism）を考えてみよう．地球は北磁極（magnetic north pole）をS極，南磁極（magnetic south pole）をN極とする一つの大きな磁石であり，これによって地球には常に地磁気が存在する．地球表面の静磁界の強さは場所によって異なり，また時間的にも変動しているが，東京付近では，40 A/m 程度である．水平方向の磁界の強さはこれより小さい．直流電流 I が流れている無限長の細い導線の中心から距離 r だけ離れた点の磁界の強さ H は

$$H = \frac{I}{2\pi r} \tag{8.4}$$

であるから，40 A/m は 25 A の電流が流れている導線から 10 cm 離れた点における磁界の強さにほぼ等しい．空気の比透磁率は，表 6.1 に示したように約 1 であるから，磁束密度は $\mu_0 = 4\pi \times 10^{-7}$〔H/m〕を掛けて，約 5×10^{-5} T である．

電動機（モータ）やスピーカの永久磁石によって中にできる磁束密度の大きさは 1 T 程度である．**超伝導コイル**を用いると大きな電流を流すことができるので，この十倍以上の大きさの磁束密度を作ることができる．

市街地では，電車，エレベータ，自動ドアの開閉，自動車などにより，磁界の変動がある．これらの**磁気ノイズ**は 10^{-7} T のオーダである．地磁気の短時間の変動はこれよりも 2 桁程度小さい．極めて微弱な磁界の例として，生体の活動による磁気である**生体磁気**を考えてみる．生体内ではイオン電流が流れ，これによって微弱な低周波磁界が発生する．この生体磁気の磁束密度の大きさは，心臓の活動で 10^{-11} T，脳の活動で 10^{-12} T のオーダである．**図 8.1** に，種々の磁界発生源と，これらの空気中での磁束密度の大きさとそれに対応する磁界の強さを示す．

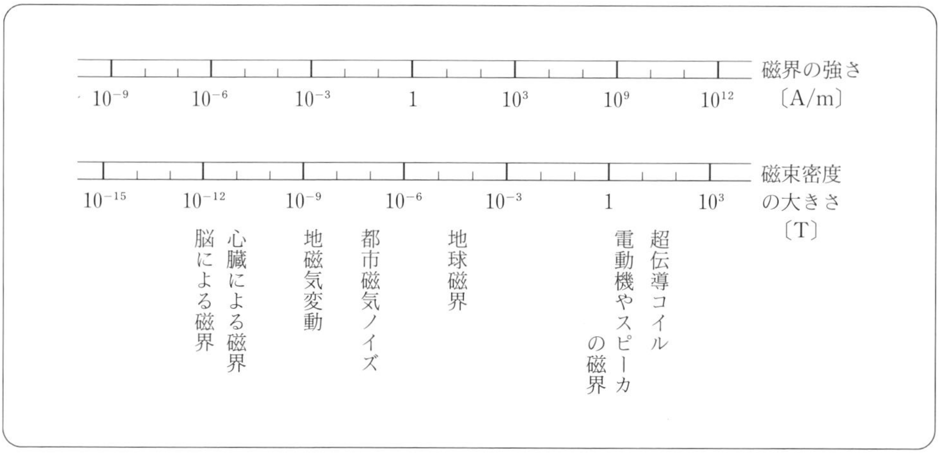

図 8.1　種々の磁界発生源と，空気中における磁束密度とそれに対応する磁界の強さ

8.1.2　探りコイル法

コイルに直流電流を流すと静磁界が発生する．しかし，逆に静磁界中にコイルを置いてもコイルに起電力は発生しない．コイルに起電力を発生させるためには，ファラデーの電磁誘導の法則により，コイルの内部を通る（鎖交する）磁束が時間的に変化しなければならない．**図 8.2** のように，巻数 N，断面積 S のコイルを通る磁束 $\varPhi$ が変化すると，磁束の時間微分に比例した

$$e(t) = -N\frac{d\varPhi}{dt} \tag{8.5}$$

だけの起電力 $e(t)$ が発生する．静磁界の測定において，鎖交する磁束を時間的に変化させるには，被測定磁界中から磁界の強さが 0 の場所へコイルを引き抜く．このような目的のコイルを**探りコイル**（search coil，**サーチコイル**）という．時刻 $t=0$ でコイルを引き抜き，出力（起電力）が 0 とみなせるまでの時間を T とすれば，磁束密度 B 及び対応する磁界の

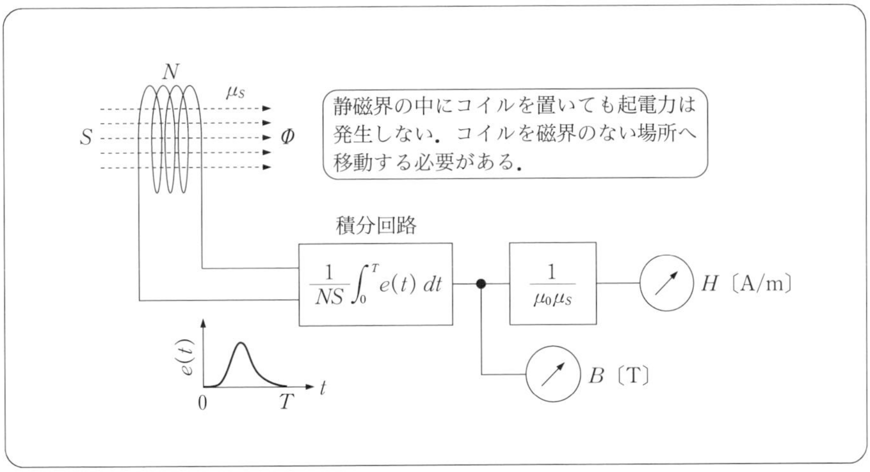

図 8.2　探りコイルによる磁界測定

強さ H は，起電力 $e(t)$ を積分回路で 0 から T まで積分し

$$\left.\begin{aligned} B &= \frac{1}{NS}\int_0^T e(t)dt \\ H &= \frac{1}{\mu_0\mu_S}B \end{aligned}\right\} \tag{8.6}$$

と計算すれば求めることができる．探りコイルを引き抜く方法のほかに，磁界中で方向を 180°回転させる方法もある．この場合，$e(t)$ の積分値は引き抜く方法の 2 倍となる．測定可能な磁界の強さは 10^{-2}～10^6 A/m 程度である．

8.1.3　ホール素子を用いた測定

ゲルマニウム（Ge），インジウムアンチモン（InSb），インジウムヒ素（InAs）などの半導体の薄板（厚さ t，幅 w，長さ l）を，図 8.3 のように z 方向の大きさ B の磁束密度の中に置く．いま，p 形の半導体を考え，y 方向に直流電流

$$I = epvwt \tag{8.7}$$

を流す．ここで，e は電子の電荷，p は正孔のキャリヤ濃度，v は正孔が y 方向に移動する速さである．正孔は x 方向に**ローレンツ力**（Lorentz force）evB を受け，x 軸の正の方向に曲がる．この結果，**ホール起電力** V_H が発生する．これを**ホール効果**（Hall effect）という．

ホール起電力により，電界 $E = V_H/w$ が作られるが，この電界は，正孔を x 軸の負の方向に押し戻すように正孔に力 eE を及ぼす．したがって，定常状態はローレンツ力と電界から受ける力が釣り合った状態

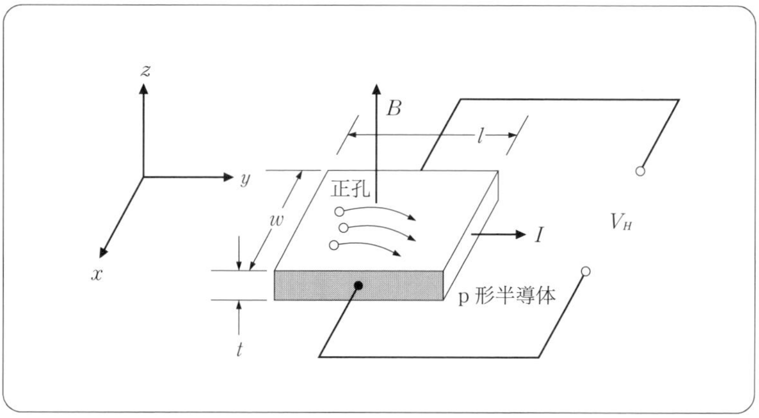

図8.3　ホール素子

$$evB = eE \tag{8.8}$$

である．これらの関係から，ホール起電力を求めると

$$V_H = R_H \frac{IB}{t} \tag{8.9}$$

となる．ここで

$$R_H = \frac{1}{ep} \quad [\mathrm{m^3/C}] \tag{8.10}$$

は**ホール係数**と呼ばれる物質に固有の定数である．同様にして，n 形半導体のホール係数は電子のキャリヤ濃度を n として

$$R_H = -\frac{1}{en} \quad [\mathrm{m^3/C}] \tag{8.11}$$

となる．負号が付いているので，ホール起電力の向きは p 形半導体の正孔と逆向きになる．

式(8.9)によれば，ホール係数が既知の物質を用いて，ホール起電力を測定すれば，磁束密度が測定できる．このような原理と構造を持つ磁界センサを**ホール素子**という．ホール起電力は半導体板の厚さが薄いほど大きく，また x 方向の幅 w と y 方向の長さ l には関係しない．したがって，例えば $t = 0.5$ mm，$w = l = 3.0$ mm 程度の小さなセンサを作成することができ，空間の局所的な磁界を測定することができる．

ホール素子自体は，静磁界を直流電圧に変換するセンサであるが，電流 I を交流電流とすれば，交流の出力電圧が得られ，増幅器を用いて高感度な磁界測定が行える．10～10^6 A/m 程度の強さの磁界が測定できる．

例題 8.1　ホール係数 -6.0×10^{-4} m³/C，厚さ $t = 0.4$ mm のホール素子に，電流 1 mA を流したところ，-1.2 mV のホール起電力が発生した．磁束密度の大きさはいくらか．

解答 式(8.9)から

$$B=\frac{tV_H}{R_HI}=\frac{0.4\times10^{-3}\times1.2\times10^{-3}}{6\times10^{-4}\times10^{-3}}=0.8\ \text{〔T〕}$$

8.1.4 磁気変調器による測定

静磁界に交流磁界を重畳させる**磁気変調器**（magnetic modulator）を用いると，コイルを動かさずに極めて高い感度で磁界を測定できる．磁気変調器の基本的な構造とそれを用いて静磁界を測定するための構成を**図 8.4** に示す．強磁性体の磁心に出力コイルを巻き，これに被測定静磁界 H を加え，同じ磁心に励磁コイルを巻いて周波数 f の交流磁界を同時に加える．被測定静磁界が 0 のとき，磁心の中の磁束密度は，**図 8.5**(a)の磁心の磁束密度-磁界特性（B-H 特性）における飽和により，図(b)の実線のようになる．この磁束密度によ

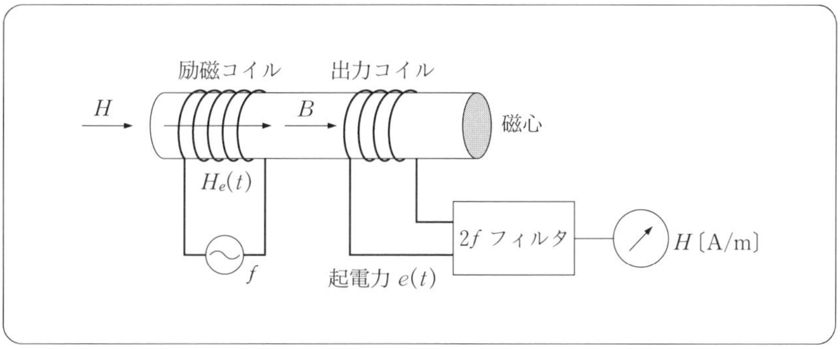

図 8.4 磁気変調器により静磁界を測定するための構成

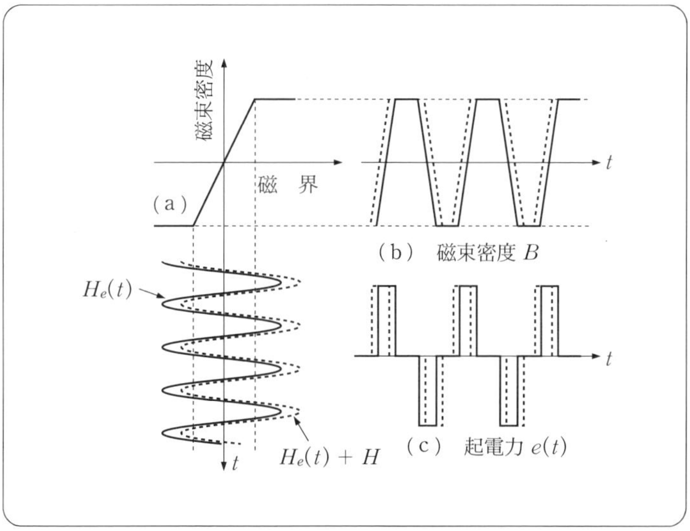

図 8.5 磁気変調器を用いた静磁界の測定の原理

って，出力コイルに発生する起電力 $e(t)$ は式(8.5)から図(c)の実線のように正負対称な微分波形となる．このような信号では，周波数 f の 2 倍 $2f$ の高調波成分はない．

被測定静磁界 H が加わると，図(c)の点線のように正負対称性が崩れ，起電力 $e(t)$ には $2f$ の高調波成分が現れる．したがって，$2f$ の周波数成分を検出することで，静磁界を測定することができる．この原理による磁束計を，**フラックスゲート**（flux gate）**形磁束計**と呼ぶ．フラックスゲート形磁束計は非常に高感度であり，10^{-3} A/m 以下の磁界測定が可能である．

8.1.5　SQUIDによる測定

フラックスゲート形磁束計よりも更に微弱な磁界の測定が可能な装置に，ジョセフソン接合を用いた **SQUID**（superconducting quantum interference device，**超伝導量子干渉素子**）がある．SQUID には，直流電流を流す dcSQUID と，交流動作を行う rfSQUID の 2 種類がある．

図 8.6(a)に dcSQUID の基本構造を示す．dcSQUID では，超伝導体のリングの 2 個所にジョセフソン接合を設ける．これを極低温の環境下に置き，直流電流を流すと，ある臨界電流以下で直流抵抗が 0 の超伝導状態となり，磁界の微小な変化に敏感に反応する．外部の磁束を変えると，この超伝導リングの両端の電圧 V は磁束

$$\Phi_0 = \frac{h}{2e} = 2.07 \times 10^{-15} \text{〔Wb〕} \tag{8.12}$$

ごとに図(b)のように周期的に変化する．ここで，h はプランク定数，e は電子の電荷である．Φ_0 は**磁束量子**と呼ばれている．

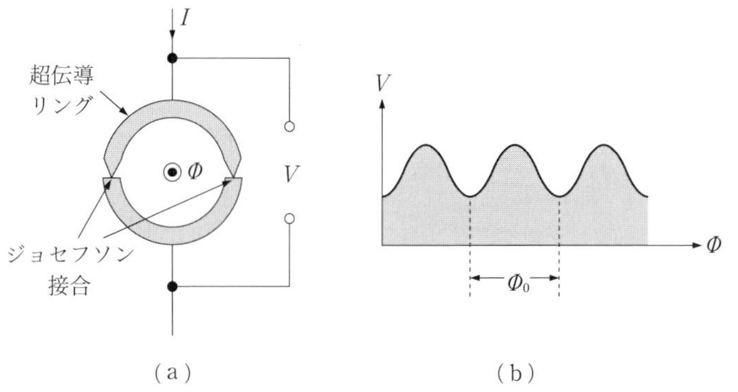

図 8.6　dcSQUID の基本構造と出力電圧

図 8.7(a)に rfSQUID の基本構造を示す．rfSQUID では，超伝導体のリングの 1 か所しかジョセフソン接合を持っていない．このため，dcSQUID のように超伝導リングの両端の電圧として出力を取り出すことはできず，近接して LC 共振回路を置いて，共振角周波数 ω_0 の電流 $i(t)$ を流し，超伝導リングによってインダクタンスを変化させる．こうすると，外部磁界が変化したとき，交流出力電圧 $v(t)$ の振幅 V は，図(b)のように三角波状に磁束量子 Φ_0 ごとに周期的に変化する．

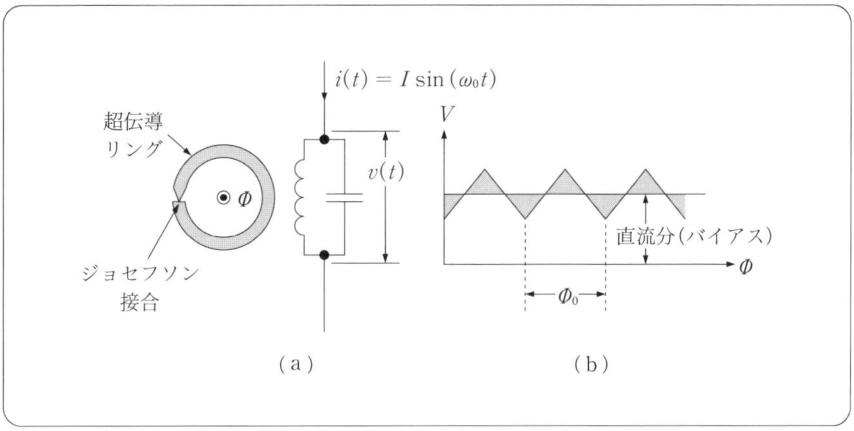

図 8.7　rfSQUID の基本構造と交流出力電圧の振幅

どちらの方式も検出系全体の周波数帯域幅が狭いほど微弱な磁界の測定が可能となる．ただし，帯域幅を狭くすると，それだけ磁界の速い変化を測定できない．SQUID は，1 Hz の帯域幅当り，10^{-13} T 程度の磁束密度を検出できる感度を持っており，最も高感度な磁界センサである．SQUID によってはじめて，心臓や脳の活動による生体磁気の測定が可能となる．

8.2 磁性材料の磁気特性に関する測定

磁性材料の磁気特性を表す磁化曲線とは何か，磁化曲線におけるヒステリシス特性とヒステリシス損，磁化特性を測定するための基本的な構成について学ぼう．

8.2.1 磁化曲線

磁性体に磁界を加え，磁界の強さを徐々に増やしていくと，比透磁率の大きさに従って内部に磁束ができる．内部にできる磁束密度の大きさ B は，通常の磁性体では，加える磁界の強さ H に比例する．しかし，強磁性体では，**図 8.8** の破線に示すように非線形に変化し，磁界の強さが H_m，磁束密度の大きさが B_m に達すると飽和する．H_m から磁界を弱くしていくと，磁束密度の大きさは破線を逆にたどらず，実線のように変化して，磁界の強さが 0 となっても磁束密度 B_r が維持される．これは，永久磁石になったことを意味している．

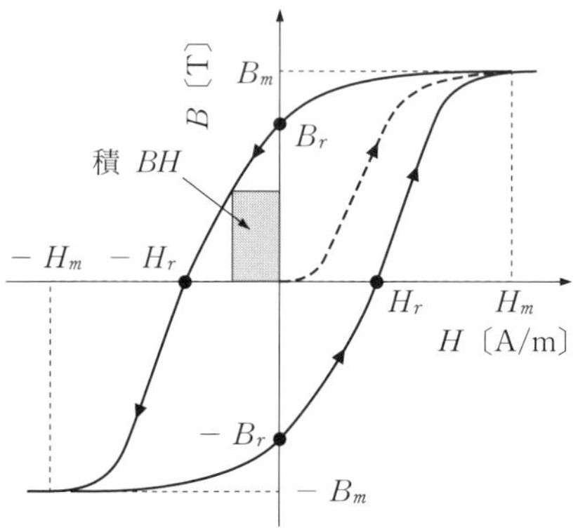

図 8.8　**強磁性体の磁化曲線**

磁束密度の大きさを 0 にするには，逆向きの磁界 $-H_r$ を加える必要がある．逆向きの磁界の強さを増加させていくと，磁界の強さが $-H_m$，磁束密度の大きさが $-B_m$ で飽和する．この点から再び磁界を 0 にすると今度は磁束密度 $-B_r$ で逆向きの永久磁石となる．更に正方向の磁界の強さを増加させると，H_r で磁束密度が 0 となり，元の正方向の飽和状態 H_m，B_m に戻る．

このような性質を**ヒステリシス**（hysteresis）**特性**といい，図 8.8 の実線を**磁化曲線**（magnetization curve）あるいは ***B-H* 曲線**という．強磁性体の特性を測定する場合には，磁化曲線が描かれる．永久磁石としては，逆向きの磁界 $-H$ が加わっていても大きな磁束密度 B を持つものがよい．そこで，図 8.8 の網点で示した積 BH は，永久磁石材料を評価するための指標として用いられている．

ところで，最初の飽和状態 H_m，B_m から，図 8.8 のように磁界を変化させると磁界はエネルギーを磁性材料に供給している．しかし，元の H_m，B_m まで 1 周して戻ったとき，磁性材料には何の変化もない．この供給されたエネルギーは熱となって放出される．このエネルギーの損失を**ヒステリシス損**（hysteresis loss）と呼んでいる．

8.2.2 磁化特性の測定

磁性材料が磁化されると，磁性材料の両端に磁極が現れ，外部から加えた磁界を変化させる．このため，磁化特性を測定するための試料の形状としては，**図 8.9** に示すように，磁極が現れないようなループ状にする．このような試料に励磁コイルを巻き，直流電流の大きさを変えて磁界の強さを変化させる．電流は抵抗 R の両端の電圧により測定する．一方，出力コイルを 8.1.2 項で説明した探りコイルとして動作させ，積分器を用いて式(8.6)に相当する磁束密度を得る．磁界の強さ H に比例する抵抗の両端の電圧と，磁束密度の大きさ B に比例する積分器の出力電圧を X-Y 記録計またはオシロスコープの水平軸，垂直軸に入力すれば，磁化曲線を描くことができる．

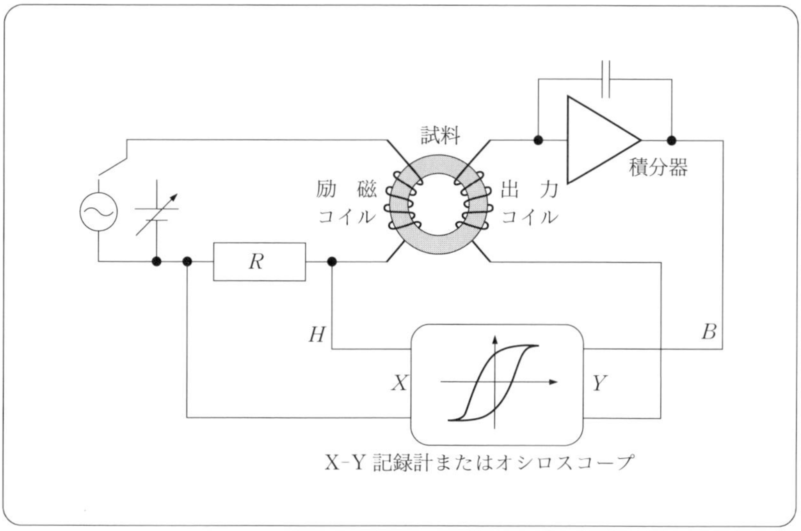

図 8.9 磁化特性を測定するための基本構成

励磁コイルに流す電流が交流のときは，オシロスコープで磁化曲線を観測するが，ヒステリシス損および磁性体内を渦電流が流れることによる損失である**渦電流損**（eddy-current loss）があるために，磁化曲線は直流と同じにはならない．交流磁界によって発生するヒステリシス損と渦電流損は，直流抵抗による損失とは異なるので，**鉄損**（iron loss）と呼ばれる．これに対して，直流抵抗による損失を**銅損**（copper loss）という．図 8.9 の構成に電流力計形交流電力計を適用して，変圧器の磁心などに用いられるけい素鋼板の鉄損を測定する装置として**エプスタイン**（Epstein）**装置**がある．

本章のまとめ

❶ **磁界の強さ（磁界強度）**　$H=\sqrt{H_x{}^2+H_y{}^2+H_z{}^2}$

❷ **磁束密度**　$\boldsymbol{B}=\mu_0\mu_S\boldsymbol{H}$

❸ **探りコイル法**　被測定静磁界中から磁界の強さが0の場所へコイルを引き抜いて磁界の強さを測定する方法

❹ **コイルの起電力**　$e(t)=-N\dfrac{d\Phi}{dt}$

❺ **ホール素子**　ホール効果を利用して磁束密度を測定するための磁界センサ

❻ **ホール起電力**　$V_H=R_H\dfrac{IB}{t}$

❼ **磁気変調器**　静磁界に交流磁界を重畳させる装置

❽ **フラックスゲート形磁束計**　磁気変調器を利用した磁束計

❾ **SQUID**　ジョセフソン接合を持つ超伝導リングを用いて微弱な磁界の測定を行う装置

❿ **磁化曲線（*B*-*H* 曲線）**　加えた磁界に対する磁性体中の磁束密度を表す曲線

⓫ **ヒステリシス特性**　磁界を増加させたときと，減少させたときで磁界に対する磁束密度が異なる磁性体の特性

⓬ **ヒステリシス損**　ヒステリシス特性によって生ずるエネルギー損失

⓭ **鉄　損**　ヒステリシス損と渦電流損を合わせた磁性体のエネルギー損失

●理解度の確認●

問 8.1　探りコイル法において，コイルを引き抜かないで，磁界中で方向を180°回転させた場合，$e(t)$ の積分値は引き抜く方法の2倍となることを図によって説明せよ．

問 8.2　磁気変調器を用いて静磁界を測定する原理を説明せよ．

問 8.3　磁化特性の測定において，試料の形状をループ状にする理由を述べよ．

9 電磁界の測定

時間的に変化しない静電界，静磁界はそれぞれ単独で存在できるが，時間的に変化する電界と磁界は，相互に関連を持っており，単独で存在することはできない．電磁界の変化をマクスウェルの方程式によって調べてみると，時間的・空間的に変化する電磁波が存在することが分かる．電磁界の測定は，電子機器から放射される不要な電磁波の測定など電磁環境を評価する場合において重要であり，MHz オーダ以上の高い周波数領域では電界強度の測定が，それ以下の周波数領域では磁界強度の測定がよく行われる．本章では，アンテナを用いた空間の電磁界の測定法と，系統誤差の要因について学習する．

9.1 電　磁　界

電磁界の測定について考えるには，基礎的事項として，平面波とはどのような電磁波なのか，近傍界と遠方界とは何を意味し，どのように異なるのかを理解しておかなければならない．以下では，電磁界を記述する場合の習慣に従い，電界・磁界については複素数を表すドットは省略する．

9.1.1 平　面　波

電磁気学によれば，空間において磁界が時間的に変化すると電界を誘起する，あるいは電界の変化が磁界を発生する．このように，時間的に変化する電界と磁界は一体である．大きさと方向を持つベクトル量である電界 $\boldsymbol{E}$，磁界 $\boldsymbol{H}$ の真空中における時間的・空間的変化の様子は以下のマクスウェルの方程式によって決まる．

$$\nabla \times \boldsymbol{E} = -\mu_0 \frac{\partial \boldsymbol{H}}{\partial t} \tag{9.1}$$

$$\nabla \times \boldsymbol{H} = \varepsilon_0 \frac{\partial \boldsymbol{E}}{\partial t} \tag{9.2}$$

∇ はベクトル演算子で，直角座標系では

$$\nabla = \boldsymbol{i}_x \frac{\partial}{\partial x} + \boldsymbol{i}_y \frac{\partial}{\partial y} + \boldsymbol{i}_z \frac{\partial}{\partial z} \tag{9.3}$$

と書ける．空気の比透磁率，比誘電率は，表 6.1 と表 6.2 に示したようにほぼ 1 とみなせるので，特別に高精度の測定を行うのでなければ，上記のマクスウェルの方程式をそのまま空気中の電界，磁界に適用して差し支えない．式(9.1)と(9.2)を座標成分ごとに書き直してみると，複雑な微分方程式であることが分かるが，x 方向及び z 方向には変化がない場合を考え

$$\frac{\partial}{\partial x} = \frac{\partial}{\partial z} = 0 \tag{9.4}$$

としてみると

$$-\frac{\partial H_x}{\partial y} = \varepsilon_0 \frac{\partial E_z}{\partial t}, \qquad \frac{\partial E_z}{\partial y} = -\mu_0 \frac{\partial H_x}{\partial t} \tag{9.5}$$

$$\frac{\partial H_z}{\partial y} = \varepsilon_0 \frac{\partial E_x}{\partial t}, \qquad \frac{\partial E_x}{\partial y} = \mu_0 \frac{\partial H_z}{\partial t} \tag{9.6}$$

が得られる．これらの電磁界は振幅と位相を持つ複素数であり，磁界の x 方向成分 H_x は電界の z 方向成分 E_z とのみに関係し，磁界の z 成分 H_z は電界の x 成分 E_x とのみに関係している．また，式(9.5)と式(9.6)は無関係である．このことから，E_x と H_x のみが存在する場合が考えられ，電界の z 成分に関して式(9.7)が得られる．

$$\frac{\partial^2 E_z}{\partial y^2} = \varepsilon_0 \mu_0 \frac{\partial^2 E_z}{\partial t^2} \tag{9.7}$$

この式は**波動方程式**（wave equation）と呼ばれ，その解は f^+，f^- を任意の関数として

$$E_z = f^+(y - c_0 t) + f^-(y + c_0 t) \tag{9.8}$$

となる．ここで

$$c_0 = \frac{1}{\sqrt{\varepsilon_0 \mu_0}} \tag{9.9}$$

であり，その大きさは真空中での光の速さ c_0 である．式(9.8)の第1項は，$t=0$ で $f^+(y)$ なる空間分布を持つ電界が速さ c_0 で y の正の方向に移動していくことを示している．同様に第2項は，$t=0$ で $f^-(y)$ なる電界分布が速さ c_0 で y の負の方向に移動していくことを示している．一方，磁界の x 成分 H_x は，式(9.7)と式(9.5)から

$$H_x = \sqrt{\frac{\varepsilon_0}{\mu_0}} \{f^+(y - c_0 t) - f^-(y + c_0 t)\} \tag{9.10}$$

となり，磁界も光の速さで正負の方向に移動することが分かる．この電界，磁界の一体となった移動（伝搬）が**電磁波**（electromagnetic wave）である．

いま，式(9.8)，式(9.10)で y の正の方向に伝搬する電界と磁界，あるいは負の方向に伝搬する電界と磁界の組を考えると，それらの強度の比は

$$\eta_0 = \frac{|E_z|}{|H_x|} = \sqrt{\frac{\mu_0}{\varepsilon_0}} \fallingdotseq 377 \quad [\Omega] \tag{9.11}$$

となる．この η_0 は抵抗分のみを持つ実数であるが，空間の**波動インピーダンス**（surge impedance）と呼ばれている．

電磁界の時間変化が角周波数 ω の正弦的なものであるときは，y の正の方向に進む電界 E_z^+，磁界 H_x^+，は式(9.12)のように時間変化を省略したフェーザ表示で書くことができる．

$$E_z^+ = ae^{-jky} \tag{9.12}$$

$$H_x^+ = a\eta_0 e^{-jky} \tag{9.13}$$

ここで，a は y の正の方向に進む電界の強さ

$$k=\frac{\omega}{c_0}=\frac{2\pi}{\lambda} \tag{9.14}$$

は進行方向（y 方向）の単位長当りの位相変化を表しており，**波数**(wave number)という．

ところで，式(9.4)の条件は，電界と磁界が x 方向と z 方向に関して一様（一定）であることを意味している．この場合，同一の位相（瞬時値）を持つ電界，磁界の面（これを**波面**(wave front）という）は y 軸に垂直で，**図 9.1** に示すように，この平面の波面が y の正負の方向に伝搬していく．

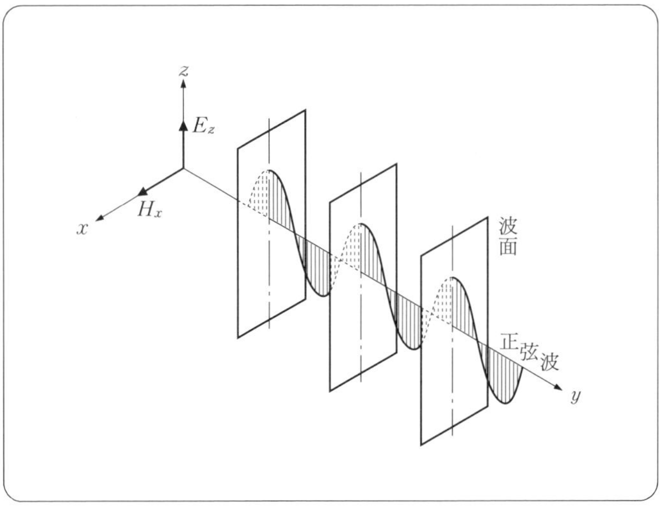

図 9.1　平面波の伝搬

このような状態の電磁波を**平面波**（plane wave）という．したがって，式(9.8)，式(9.10)は x 方向の電界成分，y 方向の磁界成分のみが存在する場合の平面波の電磁波である．一般的には，真空中の電磁波は平面波のような単純なものだけでなく，複雑な電界，磁界を取り得る．

9.1.2　近傍界と遠方界

平面波以外の形態をとる電磁波の例として，角周波数 ω の正弦波で励振された**図 9.2** のような**微小ダイポール源**（small dipole source）が作る近傍の電磁界について考えてみる．微小ダイポール源とは，放射される電磁波の波長 λ に比べて長さ Δz が十分小さく，その電流の振幅分布が一定という仮想的な放射源である．

図 9.2 のような球座標において，微小ダイポール源から放射される座標（r，θ，ϕ）における電磁界をマクスウェルの方程式から計算すれば，式(9.15)～(9.17)のようになる．

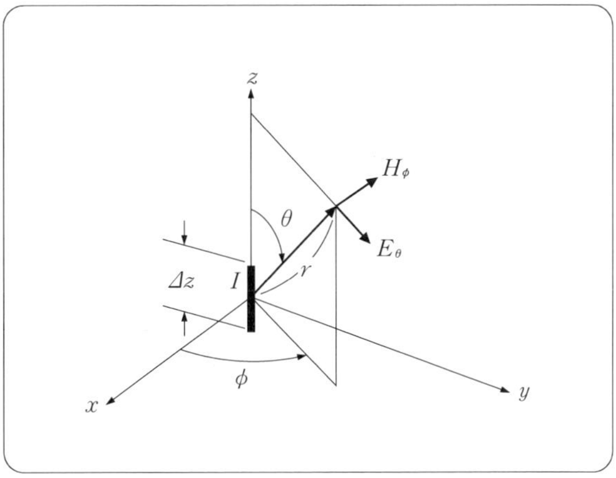

図 9.2　微小ダイポール源と座標系

$$E_\theta = j\,\frac{\omega\mu_0}{4\pi}\,I\Delta z\left\{\frac{1}{r}+\frac{1}{jkr^2}+\frac{1}{(jk)^2r^3}\right\}e^{-jkr}\sin\theta \tag{9.15}$$

$$E_r = j\,\frac{\omega\mu_0}{2\pi}\,I\Delta z\left\{\frac{1}{jkr^2}+\frac{1}{(jk)^2r^3}\right\}e^{-jkr}\cos\theta \tag{9.16}$$

$$H_\phi = j\,\frac{\omega\mu_0}{4\pi\eta_0}\,I\Delta z\left\{\frac{1}{r}+\frac{1}{jkr^2}\right\}e^{-jkr}\sin\theta \tag{9.17}$$

ここで，I は微小ダイポール源の電流，k は r 方向の位相変化に関する波数である．これらの電磁界で，$1/r$ に比例する項は**放射項**，$1/r^2$ に比例する項は**誘導項**，$1/r^3$ に比例する項は**静電項**と呼ばれる．

この電磁界は平面波ではないので，空間インピーダンス Z_e を以下のように定義する．

$$Z_e = \frac{|E_\theta|}{|H_\phi|} \tag{9.18}$$

式(9.15)，(9.17)，(9.18)から，微小ダイポール源の空間インピーダンスと平面波の波動インピーダンスの比 Z_e/η_0 は

$$\frac{Z_e}{\eta_0} = \frac{\sqrt{(kr)^6+1}}{kr\{(kr)^2+1\}} \tag{9.19}$$

となる．**図 9.3** に式(9.19)の計算結果を示す．この結果によれば，微小ダイポール源の近傍では電界が強く，kr が大きくなる（波長 λ よりも距離 r が大きくなる）と，微小ダイポール源から放射される電磁波の空間インピーダンスは平面波の波動インピーダンスに近くなる．$Z_e/\eta_0 \fallingdotseq 1$ とみなせる領域を**遠方界**（far field region），それより微小ダイポール源に近い領域を**近傍界**（near field region）と呼んでいる．空間インピーダンスは放射源が変われば異なるので，どこまでが近傍界であり，どこからが遠方界であるという境界は明確に決まっていない．微小ダイポール源では $r = \lambda(kr = 2\pi \fallingdotseq 6.3)$ とすることが多いが，集中

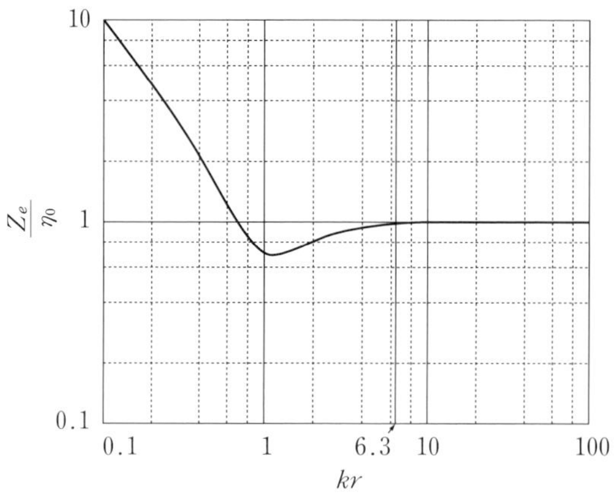

図9.3　空間インピーダンスと平面波の波動インピーダンスの比

定数回路と分布定数回路の関係と同様，必要とする測定精度にも依存する．

式(9.15)～(9.17)に示したように，微小ダイポール源から放射される電磁波の近傍界における波面は複雑である．しかし，距離 r が大きい遠方を考えてみると，放射項に比べて誘導項，静電項は小さくなり，無視できるようになる．この結果，E_θ と H_ϕ だけが残る．このとき，距離 r が一定の球面で電界と磁界の瞬時値が一定となる．このような電磁波を**球面波**（spherical wave）という．

更に，限定された範囲では，球面波は平面波で近似することができる．例えば，y 軸の近傍を考えると，E_z と H_x をそれぞれ E_θ と H_ϕ とし，電界・磁界の瞬時値が一定の球面を平面とみなすことができる．このように，ある波源から放射される電磁波が球面波あるいは平面波と近似できる領域を遠方界と考えることもできる．

9.2 電界強度の測定

電界強度（電界の強さ）の測定において，最も基本的なアンテナであるダイポールアンテナを用いた電界強度の測定法と，ダイポールアンテナの特性であるアンテナ係数の測定法について学ぼう．

9.2.1 ダイポールアンテナとその受信特性

電界強度を測定するためのアンテナとしては，**図 9.4**(a)の**ダイポールアンテナ**（dipole antenna）が最も広く用いられている．**アンテナエレメント**（antenna element，以下エレメントと略す）に，単一の周波数 f を持つ正弦的な時間変化をしている電磁波が入射したとき，端子 a-b からエレメントを見た回路は，図(b)のように，等価起電力 $\dot{V}_g$ と等価内部インピーダンス $\dot{Z}_a$ で構成されるテブナン等価回路で表すことができる．

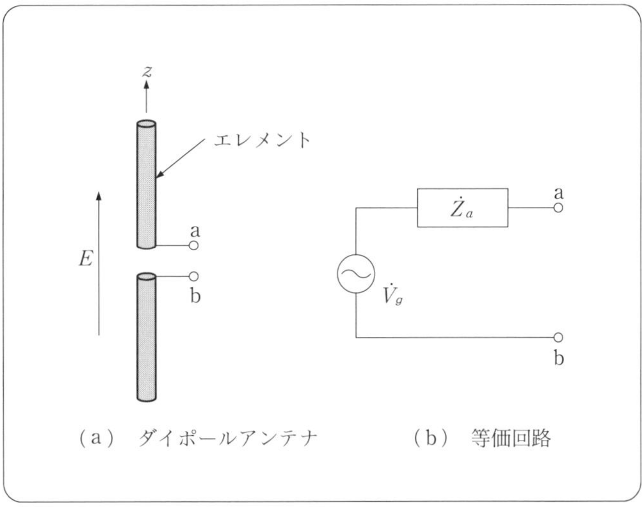

図 9.4　ダイポールアンテナのエレメントとその等価回路

等価内部インピーダンス $\dot{Z}_a$ のリアクタンス分は，エレメントの全長 L が，周波数 f に対応した空気中の波長の半分 $\lambda/2$ よりも若干短いとき 0 となり，共振状態となる．共振状態のダイポールアンテナを**半波長共振ダイポールアンテナ**（half-wavelength tuned dipole antenna）という．これに対し，エレメントの全長 L がちょうど波長の半分 $\lambda/2$ に等しいとき，**半波長ダイポールアンテナ**（half-wavelength dipole antenna）という．半波長共振に近い周波数に対しては，エレメントを流れる電流の大きさの分布（電流分布）は正弦波に近い形となる．周波数 f に対しエレメントの全長 L が共振状態の長さよりも短いとき，$\dot{Z}_a$ のリアクタンス分は容量性となり，長いときは誘導性となる．これは，エレメントが短いときダイポールアンテナはコンデンサとなることから理解できる．

入射する電磁波が平面波で，かつ電界 E の方向が**エレメントと平行**で，E_z 成分だけであるとき，等価起電力 $\dot{V}_g$ は式(9.20)のように表される．

$$\dot{V}_g = l_e E_z \tag{9.20}$$

ここで，l_e は**実効長**（effective length）と呼ばれる受信ダイポールアンテナの特性であり，単位はメートル（m）である．実効長はエレメントの形状が決まれば理論的に計算することができる．例えば，細いエレメントを持つ半波長ダイポールアンテナの実効長は

$$l_e \fallingdotseq \frac{\lambda}{\pi} \tag{9.21}$$

となる．

図 9.4(b)の等価起電力の振幅 $|\dot{V}_g|$ を求めるには，端子 a-b の開放電圧の振幅を測定すればよい．したがって，平面波の電界強度 $|E_z|$ の間接測定法として，以下のような方法がある．

① 開放電圧が測定できるようなダイポールアンテナを作る．

② 実効長 l_e を計算する．

③ 開放電圧の振幅 $|\dot{V}_g|$ を測定する．

④ $|E_z| = |\dot{V}_g|/l_e$ を計算する．

この方法は，**標準アンテナ法**（standard antenna method）と呼ばれ，**電界強度標準**（electric field strength standard）を作るために実際に行われることがあるが，開放電圧が測定できるダイポールアンテナは，端子 a-b にダイオードを接続し，抵抗線のフィーダを用いるなど，極めて特殊な構造であり，また高い周波数では開放電圧の精度のよい測定が難しい．

ここで，実効長はエレメントに垂直に入射する平面波について定義されていることに注意する必要がある．上記①～④の標準アンテナ法が対象とする測定量は，そのような平面波の電界強度である．平面波の到来方向が変化した場合や，式(9.15)で表されるような近傍界

の電界強度を測定した場合は，それぞれ系統誤差が生ずる．近傍界における空間の1点の電界強度を測定する場合，測定に使用するアンテナが大きさを持っていることも系統誤差の要因である．

一般的に電界強度の測定に使用されるダイポールアンテナは，**図9.5**のような構造を持っている．アンテナから負荷抵抗までは通常，雑音を低減するなどの目的で**同軸ケーブル**（coaxial cable）により信号が伝送される．同軸ケーブルは回路的に考えれば**不平衡回路**（unbalanced circuit）である．一方，端子a-bからエレメントを見た回路は**平衡回路**（balance circuit）であるため，これらを接続するには**バラン**（balun，**平衡・不平衡変換器**）が必要となる．**結合回路**（coupling circuit）は，バランのほか，インピーダンスを整合させるための**パッド**（pad，**減衰器**）が含まれる場合がある．

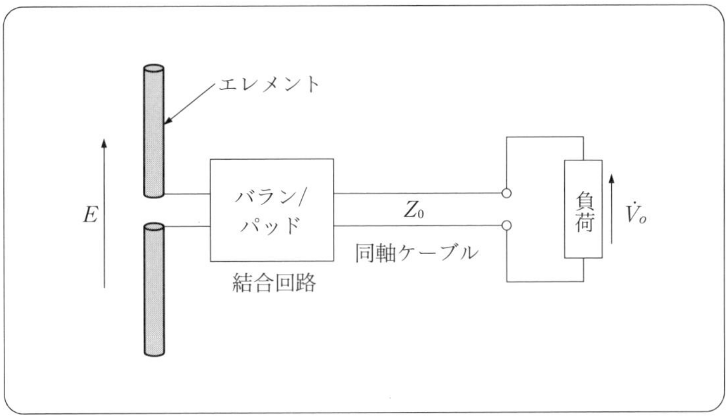

図9.5 電界強度測定用ダイポールアンテナの基本構成

MHzオーダ以上の周波数領域における電界強度を測定するためのダイポールアンテナの特性としては，**アンテナ係数**（antenna factor）が定義されている．アンテナ係数Fは，エレメントに垂直に入射する平面波の電界強度$|E|$とフィーダに接続された負荷両端の出力電圧の振幅$|\dot{V}_o|$の比

$$F = \frac{|E|}{|\dot{V}_o|} \quad \text{〔1/m〕} \tag{9.22}$$

である．単位は，メートルの逆数（1/m）であるが，この値を

$$F_{[\mathrm{dB}]} = 10 \log \left(\frac{|E|}{|\dot{V}_o|} \right)^2 \quad \text{〔dB}_{1/\mathrm{m}}\text{〕} \tag{9.23}$$

とデシベル表示することが一般的である．

アンテナ係数が求まれば，出力電圧から電界強度を求めることができる．このアンテナ係数は結合回路および同軸ケーブルの特性を含んでいることに注意する必要がある．アンテナ

係数を用いた電界強度測定が対象とする測定量も，標準アンテナ法と同じく垂直入射した平面波の電界強度である．それ以外の測定量に対しては系統誤差が発生する．ただし，斜め入射の平面波に対してアンテナ係数を定義し，測定することも可能である．

談　話　室

単位のデシベル表示　通常，デシベルは電力と電力の比（無次元量）の表現形式であるから，単位ではない．しかし，基準となる電力を決めると，ある電力の値をデシベルで表すことができるようになる．例えば，基準電力として 1 mW をとった場合，電力 1 W は 30 dB となる．しかし，これではデシベル値が基準として 1 mW をとっているのか，それとも単なる比なのか分からないので，dB のあとに m を付けて dBm と書き，「デービーエム」と読む．この場合は，dBm は単位であるとみることができる．ある電力 P をデービーエムで表示すると

$$10\log\left(\frac{P}{1\,\mathrm{mW}}\right)\quad〔\mathrm{dBm}〕$$

となる．

デシベルは電力だけでなく，ほかの量の比を表す場合にも使われる．電力と同様，電圧に対しても基準となる電圧を決めることがある．よく使われるのは 1 μV である．このときは dB の後に μ を付けて dB_{μ} と書き，「デービーマイクロ」と読む．ある電圧 V をデービーマイクロで表示すると

$$10\log\left(\frac{V}{1\,\mu\mathrm{V}}\right)^2\quad〔\mathrm{dB}_{\mu}〕$$

となる．例えば，1 V は 120 dB_{μ} である．dBm が電力で，dB_{μ} が電圧であることは，注意する必要がある．

電界強度 $|E|$ の単位は，V/m であるが，電磁環境の測定では通常，μV/m とし

$$10\log\left(\frac{|E|}{1\,\mu\mathrm{V/m}}\right)^2\quad〔\mathrm{dB}_{\mu\mathrm{V/m}}〕$$

とデシベル表示で表す．

例題 9.1　アンテナ係数 20 $\mathrm{dB}_{1/\mathrm{m}}$ のダイポールアンテナに，エレメントに垂直に電界強度 $|E|$ の平面波が入射したところ，負荷に 60 dB_{μ} の出力電圧 V_o が発生した．電界強度のデシベル表示値を求めよ．

解答　式(9.22)より

$$|E|〔\mathrm{dB}_{\mu\mathrm{V/m}}〕= V_o〔\mathrm{dB}_{\mu}〕+ F〔\mathrm{dB}_{1/\mathrm{m}}〕= 60\,\mathrm{dB}_{\mu} + 20\,\mathrm{dB}_{1/\mathrm{m}} = 80\,\mathrm{dB}_{\mu\mathrm{V/m}}$$

9.2.2 アンテナ係数の測定法

入力を同軸ケーブルとした電圧測定器は，アンテナ特性の測定精度よりかなりよい精度を持つのが普通である．したがって，空間の電界強度の測定精度は，実際上アンテナ係数の測定精度によって決定される．

アンテナ係数を求めるには大きく分けて二つの方法がある．一つは標準アンテナ法と同様に理論的に実効長を計算し，結合回路の特性（インピーダンスや損失など）を別途測定して，これらの値から求める方法である．この方法の主な問題点は，付属回路の特性を精度よく測定することが難しいことである．

アンテナ係数を求めるもう一つの方法では，**図 9.6** のように，三つのアンテナを用意する．これらのうち二つを選んでそれぞれ送信用アンテナ，受信用アンテナとして用い，送信用アンテナから遠方界条件を満たす距離 R に受信用アンテナを置いて，それらの間の**減衰量**（attenuation）を測定する．アンテナ係数 F_1 を持つ送信アンテナとアンテナ係数 F_2 を持つ受信アンテナの間の減衰量 A_{21} は，式(9.24)のように送受アンテナのアンテナ係数の関数となっている．

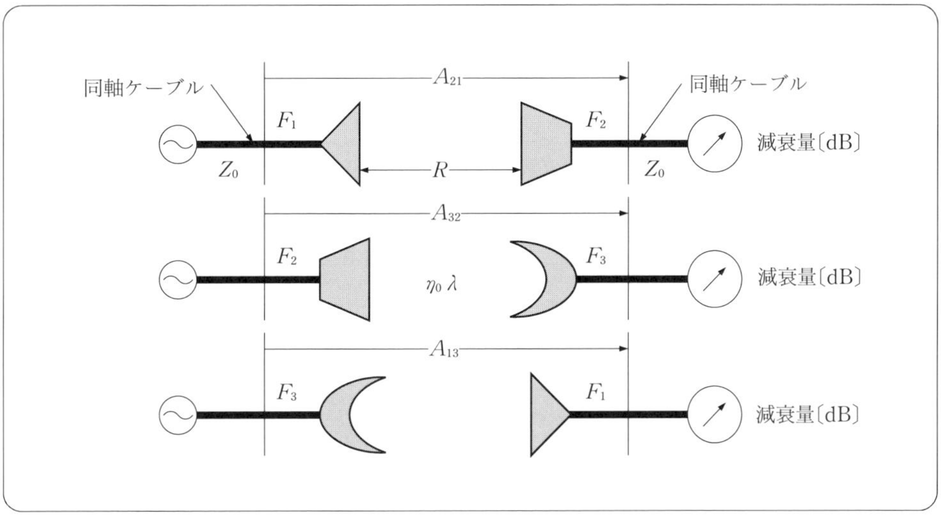

図 9.6 アンテナ係数を測定するための三アンテナ法

$$A_{21} = \frac{\eta_0}{Z_0} \frac{1}{\lambda R} \frac{1}{F_1 F_2} \tag{9.24}$$

ここで，Z_0 は同軸ケーブルの**特性インピーダンス**（characteristic impedance）である．特性インピーダンスは，空間における波動インピーダンス η_0 に相当する量である．損失の小さい同軸ケーブルの特性インピーダンスは抵抗分のみを持つ．測定において用いられる同軸ケーブルの特性インピーダンスは50 Ωが普通である．式(9.24)では，負荷抵抗，発振源の内部抵抗は特性インピーダンスの値と等しいと仮定している．

送受アンテナの組み合わせを変え，アンテナ係数 F_2 を持つ送信アンテナとアンテナ係数 F_3 を持つ受信アンテナの間の減衰量を A_{32}，アンテナ係数 F_3 を持つ送信アンテナとアンテナ係数 F_1 を持つ受信アンテナの間の減衰量を A_{13} も測定する．これら三つの減衰量 A_{21}，A_{32}，A_{13} から，連立方程式を解いて，それぞれのアンテナ係数 F_1，F_2，F_3 を計算する．この方法は，**三アンテナ法**（3-antenna method）と呼ばれている．

この方法では，アンテナを送信用としても使用するので，結合回路は受動回路のみで構成された**可逆回路**（reciprocal circuit）でなければならないが，エレメントと結合回路は常に接続され実際の使用状態となっているから，結合回路の特性を別途測定する必要はない．ただし，この方法は周囲反射などの環境の影響を受ける．また送受アンテナ間の距離は，受信電界が平面波（球面波の一部）とみなせるだけ大きくとる必要がある．

9.3 磁界強度の測定

磁界強度（磁界の強さ）は，比較的低い周波数領域において測定されることが多い．測定の基本的な考え方は，電界強度の測定とほぼ同じであるので，以下で相違点について理解しよう．

9.3.1 微小ループアンテナ

既に述べたように，平面波電磁界では，電界強度と磁界強度の比は波動インピーダンス（約377 Ω）となる．したがって，電界強度を測定すれば，磁界強度は波動インピーダンスを掛けて換算すれば得られ，磁界強度の測定は不要ということになる．しかし実際には，電磁界測定は波源の近傍において行われることが多く，図9.3に示したように，電界強度と磁界強度の比は平面波の波動インピーダンスに等しくならない．波源が微小ダイポール源でなく，周囲の長さが波長に比べて十分小さく流れる電流分布が一定の**微小ループ源**（small loop）の場合は，図9.3と逆に近傍で磁界が強く，電界が弱くなる．

平面波で定義されたアンテナ係数をそのまま近傍界の電界強度あるいは磁界強度の測定に

用いると系統誤差が発生する．この系統誤差は，アンテナの寸法と波長の比に比例して大きくなるので，アンテナの寸法は波長に比べてできるだけ小さいことが望ましい．しかし，ダイポールアンテナのエレメントを短くするとそれだけ感度が低下する．特に，微小ループ源に近い空間のインピーダンス特性を持つ波源の場合は測定が困難になる．一方，ループアンテナは多数回巻くことにより，感度を上げることができる．このようなことから，**微小ループアンテナ**（small loop antenna，通常周囲の長さが波長の 10 分の 1 以下）は主として MHz オーダ以下の周波数領域における磁界強度の測定に用いられる．

図 9.7 のように，N 回巻かれた微小ループアンテナに，ループの面と垂直に角周波数 ω で，大きさ B を持つ磁束密度の磁界が加わったとき，磁界が時間変化しているので，静磁界に対する探りコイルのようにループアンテナを動かす必要はない．発生する交流起電力の振幅は，式(8.5)から

$$V_l = \omega NBS \tag{9.25}$$

となる．ここで，S はループの面積である．式(9.25)から，起電力が測定できれば，磁界強度が計算できる．この方法においても，標準アンテナ法と同様，起電力を求めるためには，開放電圧を測定する必要があるが，周波数が低くなるほど開放電圧の測定の精度はよくなる．

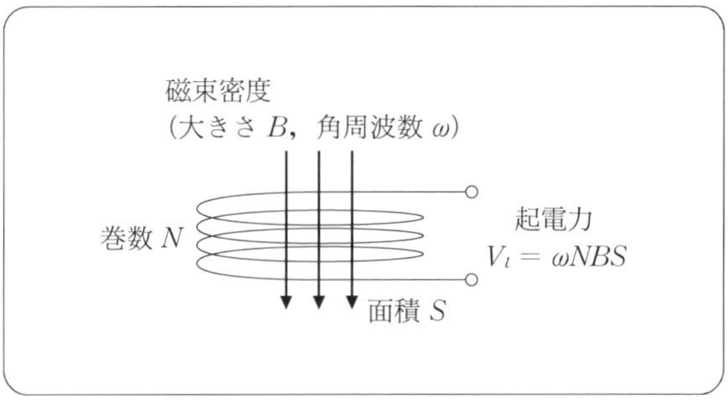

図 9.7 微小ループアンテナに発生する起電力

例題 9.2 空気中の均一磁界（周波数 $f = 50$ kHz）に，面積 $S = 10$ cm²，$N = 50$ 回巻の微小ループアンテナをループの面が磁界と $\theta = 45°$ の角度となるように入れたところ，振幅 $V_l = 20$ mV の交流起電力が発生した．磁界強度を求めよ．

解答 交流磁界を $|H|\sin(\omega t)$ と書けば，$|H|$ が求める磁界強度である．磁界に垂直な微小ループアンテナの面積 S' は $S\sin\theta$ となる．磁界強度は式(8.5)から

$$|H| = \frac{V_l}{2\pi f N \mu_0 S \sin\theta} \fallingdotseq 1.43 \ \text{[A/m]}$$

9.3.2　一般的なループアンテナの特性

実際には，微小ループアンテナもダイポールアンテナと同様，同軸ケーブルを使用するために，**図 9.8** のように同軸線路で作られたループの外側を流れる電流が微小ギャップにおいて同軸線路内に電流を流す**シールド構造**とすることがある．また，結合回路を用いたり，周囲の長さが波長に比べて十分小さいとはいえない周波数領域でも使用される．このような一般的なループアンテナの磁界強度測定に関するアンテナの特性は，統一されたものはないが，電界に対するアンテナ係数と同様，アンテナに入射する平面波の磁界強度 H と，そのアンテナ系に接続された負荷の両端の出力電圧 V_o との比で定義される係数がある．この係数の単位はジーメンス毎メートル（S/m）である．

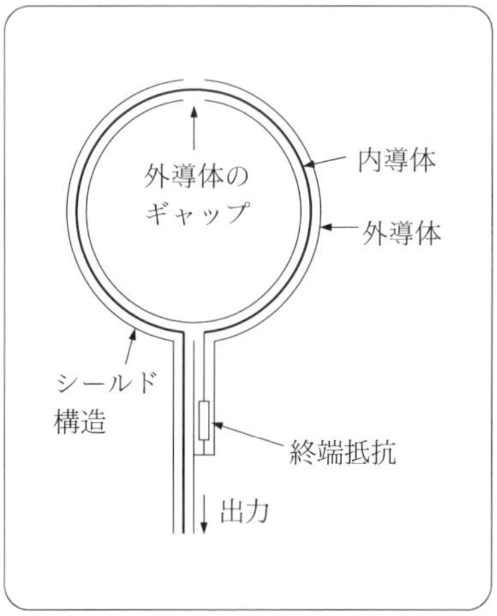

図 9.8　シールド構造とした微小ループアンテナ

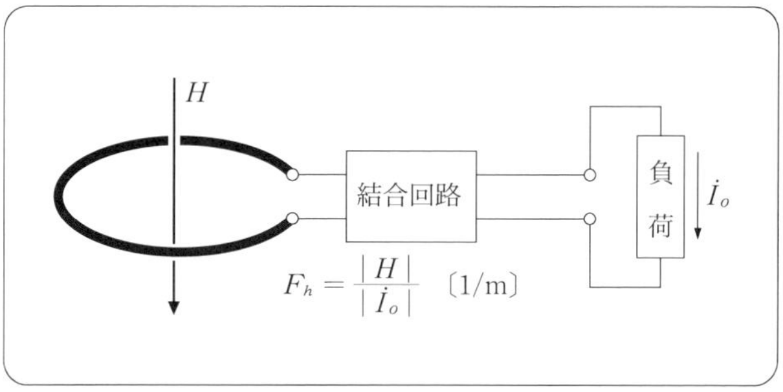

図 9.9　平面波の磁界に対するアンテナ係数

また，**図 9.9** のように，入射平面波の磁界強度 $|H|$ と，負荷に流れる電流の大きさ $|\dot{I}_o|$ との比

$$F_h = \frac{|H|}{|\dot{I}_o|} \tag{9.26}$$

で定義する係数 F_h も考えられる．この係数の単位は，電界のアンテナ係数と同じメートルの逆数（1/m）である．これらループアンテナの特性は，アンテナ係数と同様の三アンテナ法によって測定できる．

本章のまとめ

❶ **波　面**　同一の位相（瞬時値）を持つ電界，磁界の面

❷ **平面波**　波面が平面である波

❸ **波動インピーダンス**　平面波電磁波の電界と磁界の強さの比

$$\eta_0 = \frac{|E_z|}{|H_x|} = \sqrt{\frac{\mu_0}{\varepsilon_0}} \fallingdotseq 377 \text{〔}\Omega\text{〕}$$

❹ **微小ダイポール源**　長さが放射される電磁波の波長に比べて十分小さく，電流の振幅分布が一定の仮想的な放射源

❺ **遠方界**　放射源による電磁波の空間インピーダンスが平面波の波動インピーダンスで近似できる領域

❻ **近傍界**　遠方界よりも放射源に近い領域

❼ **球面波**　波面が球面である波

❽ **半波長共振ダイポールアンテナ**　空気中の波長の半分 $\lambda/2$ よりも若干短い共振状態にあるダイポールアンテナ

❾ **半波長ダイポールアンテナ**　エレメントの全長がちょうど波長の半分に等しいダイポールアンテナ

❿ **実効長**　$l_e = \dfrac{\dot{V}_g}{E_z}$

⓫ **標準アンテナ法**　開放電圧と実効長から電界強度を測定する方法

⓬ **アンテナ係数**　エレメントに垂直に入射する平面波の電界強度と負荷両端の出力電圧の振幅の比

$$F = \frac{|E|}{|\dot{V}_o|} \text{〔1/m〕}$$

⓭ **三アンテナ法**　三つのアンテナのうち二つを送信用アンテナ，受信用アンテナとして用い，組み合わせを変えた遠方界における減衰量からアンテナ係数を求める方法

⓮ **微小ループ源**　周囲の長さが波長に比べて小さく，流れる電流分布が一定の放射源

●理解度の確認●

問 9.1　式(9.8)の第1項は，y の正の方向に移動し，第2項は負の方向に移動していくことを図によって説明せよ．

問 9.2　標準アンテナ法について説明せよ．また，問題点は何か．

問 9.3　近傍界における空間の1点の電界強度を測定するにはどうしたらよいか．そのときの問題点は何か．

10 光　計　測

コヒーレントな光源として，レーザが登場する以前は，光計測といえば光度（cd：カンデラ）や照度（lx：ルクス）など，人間の視覚に直接結び付いた測光量に関する計測を指すことが多かった．しかし，レーザの発明とレーザ光の伝送路として極めてすぐれた特性を持つ光ファイバの登場により，電磁波としての光の基本的な量を測定する必要性が生まれた．光計測は，光デバイス・光部品，光ファイバの特性測定や光応用計測など，多くの分野を含んでいるが，本章では電磁気計測の一環として，主としてレーザ光を対象とし，光そのものの属性のうち特に重要なパワーと波長・周波数に関する測定について学習する．

10.1 レーザパワーの測定

レーザ（laser）から発生される光を高い周波数の電磁波と見れば，電力が測定すべき重要な量であることが分かる．**レーザ光**に関しては，習慣的にレーザ電力と呼ばずに**レーザパワー**（laser power）と呼ぶのが一般的である．レーザパワーの主な測定法は，熱的な方法と光電的な方法に大別される．これらの方法について学ぼう．

10.1.1 熱　変　換　法

レーザ光をなんらかの吸収体によって熱に変えれば，4章および5章の談話室で説明した温度センサとしてのサーミスタ，白金測温抵抗体や熱電対などを用いてレーザパワーに比例した抵抗値や電圧値として電気的な出力を得ることができる．この**熱変換法**は，波長依存性の小さな光吸収体を用いれば，赤外から可視光さらには紫外領域までの広い波長の光に対して適用可能である．吸収体には，金属に黒色塗料を塗布したものや金の粒子を煤（すす）状に堆積させた**金黒**（gold-black）などが用いられる．

熱変換法は原理的にパワーの小さなレーザ光に対しては周囲の温度変動の影響を受け，測定精度が悪くなる．高感度な検出を行うためには，温度センサとして，熱電対を複数個直列に接続した**サーモパイル**（thermopile）や，結晶の自発分極により入射光強度の変化に応じた起電力が発生する**焦電効果**（pyroelectric effect）を利用した**焦電形センサ**が用いられる．

熱変換法において，温度センサだけではレーザパワーの絶対値の測定はできず，既知のパワーを持つレーザ光を入射させて校正を行う必要がある．しかし，レーザパワーを直流電力で置き換えて測定すれば，絶対値の測定も可能となる．その方法の一例を**図 10.1** に示す．

図(a)の吸収体にレーザ光を入射させて，吸収体の温度を上昇させ，温度センサの出力を記録する．一方，図(b)の吸収体には抵抗（ヒータ）を密着させ，温度センサの出力がレーザ光に対する出力と同じになるように直流電流を流し，そのときの消費電力を測定する．この方法を**直流置換法**（DC substitution method），直流置換法などによりレーザパワーの絶対値を測定する装置を**レーザカロリメータ**（laser calorimeter）という．

レーザカロリメータにおいては，吸収体で完全にレーザ光が吸収されずに一部が反射され

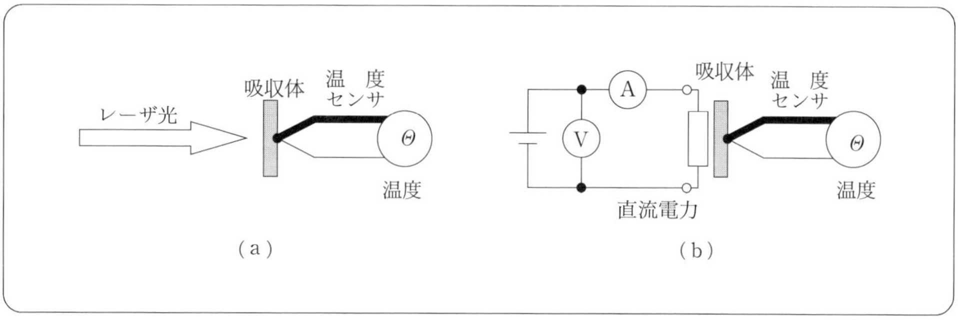

図 10.1　直流置換によるレーザパワーの絶対値の測定

ると系統誤差となるので，吸収体表面の反射率を別途測定して補正を行う．また，レーザ光に対する吸収体の熱効果と直流抵抗に対する熱効果が異なると，系統誤差の要因となる．高精度な測定を行うためには，この熱効果の差に起因する誤差を適切に評価し，低減するように吸収体の構造を工夫する必要がある．

10.1.2　光電変換法

光電変換法は，**ホトダイオード**（photodiode）や**光導電セル**（photoconductive cell）など，光を電流に変換したり，光によって物質の抵抗値を変化させたりする素子を用いて，レーザパワーを測定する方法である．この方法は，熱変換法に比べて，感度が良く微少なパワーを測定できるため，光源として**半導体レーザ**（semiconductor laser）が用いられる光通信におけるパワーレベルを対象とした**レーザパワーメータ**（laser power meter）は，ほとんどがホトダイオードを用いた光電変換法を採用している．

半導体の pn 接合にエネルギーギャップから決まる**カットオフ波長**（cutoff wavelength）以下の波長を持つ光を照射すると，空乏層内に自由キャリヤとなる**電子-正孔対**が形成され，接合部の電界によって移動する，つまり電流が流れる．これを**光起電力効果**（photovoltaic effect）という．ホトダイオードは，光起電力効果を利用した光センサである．代表的な半導体は，シリコン（Si），ゲルマニウム（Ge），インジウム-ガリウム-ヒ素（InGaAs）などであり，それぞれ感度のよい光の波長が異なる．実際に使用される多くのホトダイオードでは，**図 10.2** のように，応答速度を速くするために p^+形と n^+形の半導体の間に i 層と呼ばれる真性半導体の層をはさんで i 層で光を吸収させる pin 構造をとっている．pin ホトダイオードは，入力光のパワーに対する出力電流の直線性がよく，高感度のレーザパワーメータ用のセンサとしてよく用いられる．

ホトダイオードを外部回路から見ると，**図 10.3** に示すように，外部の負荷抵抗によらず

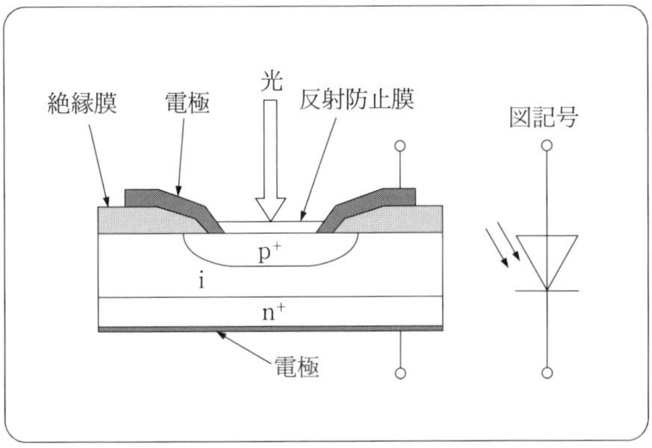

図 10.2　pin ホトダイオードの構造例

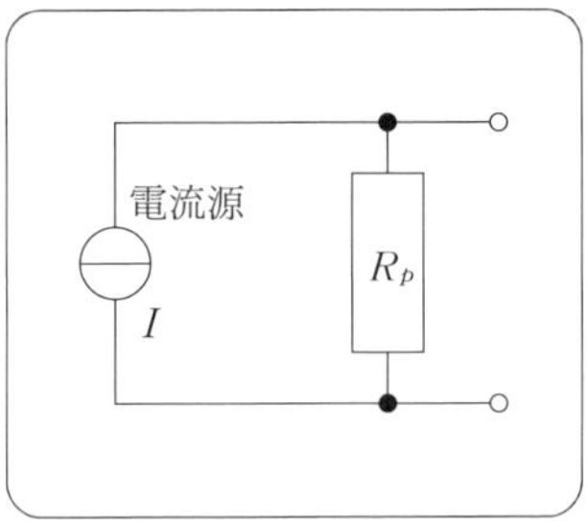

図 10.3　ホトダイオードの等価回路

に一定の電流 I を流すことができる理想的な電流源と，抵抗 R_p の並列等価回路で表すことができる．並列抵抗 R_p は通常，数百 kΩ～MΩ オーダと非常に高い抵抗値を持つ．

電流源の電流 I は，入射レーザ光の波長を λ，パワーを P とすれば

$$I = \{1 - \gamma(\lambda)\}\eta(\lambda)\frac{e\lambda}{hc_0}P \tag{10.1}$$

と書ける．ここで，$\gamma(\lambda)$ は波長 λ におけるホトダイオード表面のパワー反射係数，$e = 1.602 \times 10^{-19}$〔C〕は電子の電荷，$h = 6.624 \times 10^{-34}$〔J•s〕はプランク定数，$c_0$ は真空中の光の速さであり，$\eta(\lambda)$ は波長 λ における**量子効率**（quantum efficiency）である．量子効率とは，入射する**光子**（photon）1 個当り半導体中で発生する電子の数であり，理想的には 1 となるが，電子-正孔対の**再結合**（recombination）により，実際には 1 以下となる．式(10.1)から，表面のパワー反射係数と量子効率の値が測定できれば，電流 I によってレーザパワー P が測定できるように思われるが，ホトダイオードの量子効率の正確な測定はかなり難しい．

光電変換法に用いることが可能な光センサとしては，ホトダイオードのほかに，**光導電セル**と光電子増倍管がある．光導電セルは半導体にカットオフ波長以下の波長を持つ光が照射されると，抵抗値が変化する**光導電効果**（photoconductive effect）を利用したセンサである．有名なものは硫化カドミウム（CdS）を用いたセンサで，波長 0.5～0.6 μm 程度の可視光に対して高い感度を有するため，カメラの露出計や街灯の自動点灯装置などに広く利用されているが，レーザパワー測定にはあまり用いられない．

光電子増倍管（photomultiplier：略称ホトマル）は，金属の表面にそのポテンシャル障壁以上のエネルギーを持つ光が当たると電子が放出される**光電効果**（photoelectric effect）を利用した光センサである．実際には，放出された電子に電界をかけて加速し，別の金属に当てて二次電子を放出させる．光電子増倍管は，二次電子放出を順次繰り返すことで，10^6

程度の大きな増幅効果を持つ極めて高感度な光センサであるが，光による電子放出の原理から，主として可視光より波長の短いレーザ光に用いられる．

図 10.4 に，ホトダイオードを用いたレーザパワーメータの基本構成を示す．

ホトダイオードによって発生された電流を 3.1.2 項で説明した演算増幅器による電流電圧変換によって電圧に変え，出力電圧 V_o を測定する．1 pW（10^{-12} W）オーダの低いパワーレベルの測定が可能であるが，パワーの絶対値は，熱変換法によって校正しなければならない．

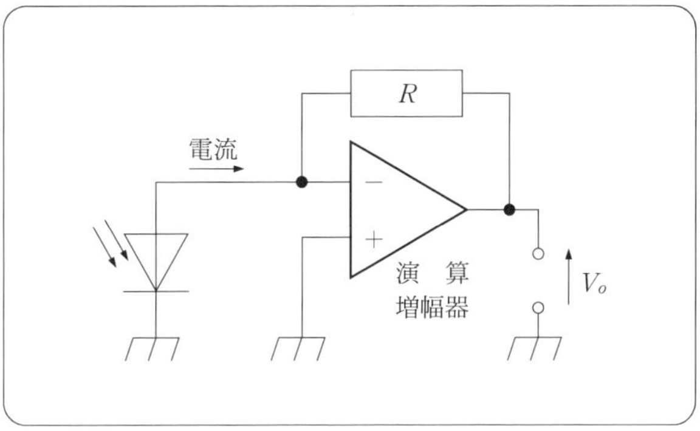

図 10.4 ホトダイオードを用いたレーザパワーメータの基本構成

10.2 波長・周波数の測定

用語として光の波長と周波数を両方用いるのは奇妙な感じもするが，波長あるいは周波数成分の分布を示す**スペクトル**（spectrum）の幅が広い一般的なレーザや**発光ダイオード**（LED）などの光源に対しては「波長」が用いられ，発振スペクトル幅が極めて狭いレーザ光に対して「周波数」が慣習的に用いられている．これらの測定法について学ぼう．

10.2.1 波長の測定・スペクトルの観測

波長（wavelength）を測定するためには，波長によって**屈折角**（refraction angle），**回折角**（diffraction angle），**旋光角**（polarization angle）などの性質が異なる素子を利用した**分光器**（spectroscope）が一般的に用いられる．波長によって性質が異なることを**分散**（dispersion）という．屈折角の分散によるプリズム分光器は，従来から光の波長を測定するために用いられてきたが，レーザ光の波長を測定するためには，より広い波長範囲に適用でき，分解能が高い**回折格子**（diffraction grating）を利用した分光器がよく用いられる．

回折格子は，**図10.5**に示すように，鏡の面に100〜2 000本/mm程度の細い溝を切ったもので，光の波長によって回折角が異なる．回折が強くなるのは，光路A-A′と光路B-B′の差が波長の整数倍となる角度である．

入射角を θ，反射角を φ，溝の間隔を d とすれば

$$\sin\theta = \sin\varphi + n\frac{\lambda}{d} \tag{10.2}$$

となる．ここで，整数 n は回折の次数と呼ばれる．波長 λ の光の一次回折と，波長 $\lambda/2$ の光の二次回折は同じ角度となるので，不要な光を入射させないようにする必要がある．回折格子を用いて分光器を構成するには，例えば**図10.6**のように，入射光を凹面鏡で広げて回折格子に当て，回折光を別の凹面鏡で収束させる．この構成の分光器は，**ツェルニ-ターナー**（Czerny-Turnner）**形分光器**と呼ばれている．

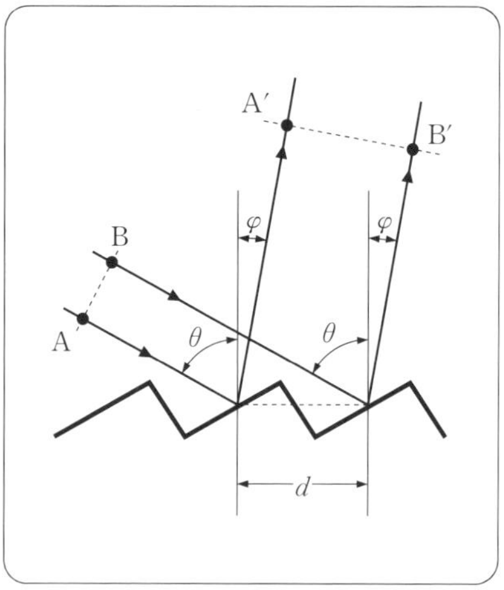

図10.5　回折格子の原理

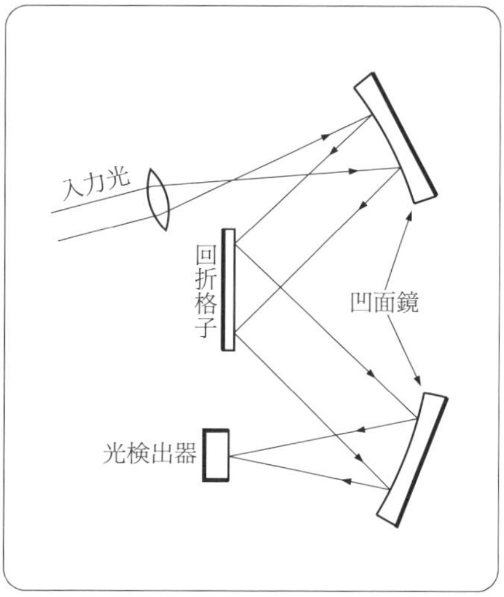

図10.6　ツェルニ-ターナー形分光器

実際には，回折格子を回転させ，光検出器の出力が最大となる回転角から波長を測定する．この回転角とオシロスコープの水平軸偏向用の「のこぎり波」を同期させ，光検出器の出力によって垂直軸を偏向させれば，光の波長成分を観測するための**光スペクトラムアナライザ**（optical spectrum analyzer）となる．

回折格子を用いた光スペクトラムアナライザの波長分解能は1 nm（10^{-9} m）程度であるが，スペクトル幅の狭いレーザ光に対しては，周波数でMHzオーダ以下の極めて分解能が高い光スペクトラムアナライザが要求される．このような目的では，**図10.7**に示すような**ファブリ-ペロー**（Fabry-Perot）**干渉計**が用いられる．

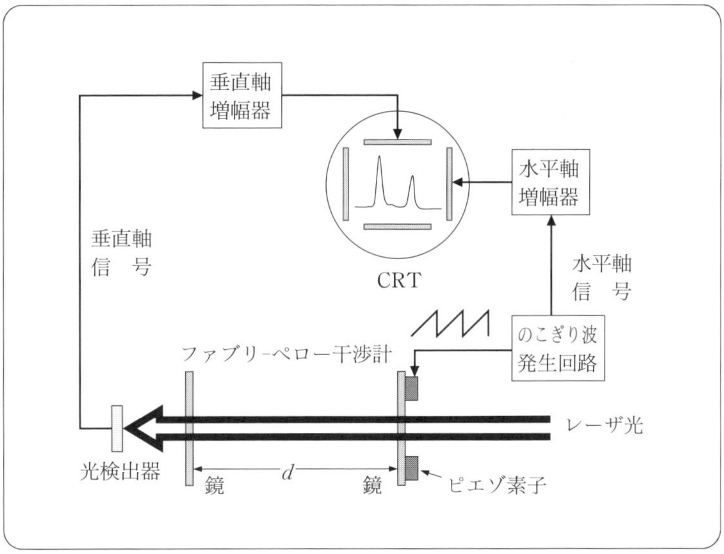

図10.7　ファブリ-ペロー干渉計による光スペクトラムアナライザ

ファブリ-ペロー干渉計は，基本的には2枚の反射率の大きい鏡で構成されている．2枚の鏡の間隔dが波長の1/2の整数倍に等しいとき透過する光の強度が大きくなる．一方の鏡には，電圧によって厚みがわずかに変化するピエゾ（piezo）素子が取り付けられており，オシロスコープ水平軸の「のこぎり波」に比例した電圧を加えることによって鏡の間隔を周期的に変化させる．ファブリ-ペロー干渉計を用いた光スペクトラムアナライザはその原理上，スペクトル観測範囲が非常に狭い．

このほか，**水晶旋光子**を用いて光の波長を測定する方法がある．物質に直線偏光の光を入射させると偏光面が回転する性質を**旋光性**（optical rotatory power）という．水晶は，この偏光面の回転角（旋光角）が波長に大きく依存する．そこで，出力光を検光子（polarizer）で直交する二つの偏光に分解し，それらのパワーの比から波長を測定する．

10.2.2 光周波数の測定

2 章で学んだように，SI 単位では光の速さの値が式(2.12)で規定されており，真空中での式(2.14)の関係から，レーザ光の周波数測定は，長さの標準を作るための手段となっている．時間の単位 1 秒（周波数 1 Hz の逆数）はセシウム 133 における遷移に対応したマイクロ波の周波数（9.192 631 770 GHz）で定義されているから，光の周波数を測定するためには，最終的にはマイクロ波発振器の周波数と直接比較しなければならない．

光の周波数をマイクロ波の周波数と比較するには，マイクロ波周波数を逓倍し，周波数が高度に安定化された**周波数安定化レーザ**と**ヘテロダイン検波**（heterodyne detection）を行って比較する．しかし，マイクロ波の逓倍によって，直接比較できるのは発振波長の長い特殊なレーザに限られる．このため，数台の周波数安定化レーザ間のヘテロダイン検波を組み合わせることにより，He-Ne レーザなどの発振周波数を決める．このような光周波数測定系を**周波数チェーン**（frequency chain）という．

メートル条約に基づいて設置されている国際度量衡委員会は光周波数標準として，数種類の周波数安定化レーザの発振周波数を勧告しており，これらのレーザでは，9～10 桁の精度で周波数が決まる．

本章のまとめ

❶ **レーザパワーの測定法**　熱変換法と光電変換法に大別される

❷ **熱変換法**　レーザ光を吸収体によって熱に変え，温度センサで電気的な出力を得る方法

❸ **直流置換法**　レーザパワーを直流消費電力で置換する方法

❹ **レーザカロリメータ**　直流置換法などによりレーザパワーの絶対値を測定する装置

❺ **光電変換法**　ホトダイオードなどの光を電気的な量に直接変換する素子を用いてレーザパワーを測定する方法

❻ **光起電力効果**　半導体の pn 接合に一定の波長以下の波長を持つ光を照射すると電子-正孔対が形成され電流が流れる効果

❼ **量子効率**　光子 1 個当り半導体中で発生する電子の数

❽ **回折格子**　光の波長によって回折する角度が異なるように，鏡の面に細い溝を切った素子

❾ **ファブリ-ペロー干渉計**　2 枚の反射率の大きい鏡で構成された干渉計

❿ **周波数安定化レーザ**　発振周波数が高度に安定化されたレーザ

⓫ **周波数チェーン**　レーザの発振周波数を決めるための光周波数測定系

●理解度の確認●

問 10.1　レーザパワーを測定するための二つの方法を挙げ，それぞれの特徴を述べよ．

問 10.2　ホトダイオード表面のパワー反射係数が 0，量子効率が 1.0 のとき，図 10.4 の出力電圧 V_o から波長 λ の入射レーザ光のパワー P を求めるための式を導け．

問 10.3　光の波長を測定するための二つの方法を挙げ，それぞれの特徴を述べよ．

引用・参考文献

1) 菅野　允：改訂 電磁気計測，電子情報通信学会大学シリーズ，コロナ社（1991）．
2) 山田直平（原著），桂井　誠（改訂著）：電気磁気学（3版改訂），電気学会大学講座，電気学会（2002）．
3) 後藤尚久：電磁気学，電子情報通信レクチャーシリーズ，コロナ社（2002）．
4) 大森俊一，横島一郎，中根　央：高周波・マイクロ波測定，コロナ社（1992）．
5) 大森俊一，根岸照雄，中根　央：基礎電気・電子計測，槙書店（1990）．
6) 日野太郎：電気計測基礎，電気学会大学講座，電気学会（1990）．
7) 大浦宣徳，関根松夫：電気・電子計測，大学課程基礎コース2，昭晃堂（1992）．
8) 金井　寛，斎藤正男，日高邦彦：電気磁気測定の基礎，昭晃堂（1992）．
9) 都築泰雄：電子計測，電子情報通信学会大学シリーズ，コロナ社（1981）．
10) 岩﨑　俊：マイクロ波・光回路計測の基礎，計測自動制御学会（コロナ社発売）（1993）．
11) 岩﨑　俊：電子計測，森北出版（2002）．
13) 高橋　清：センサ技術入門，工業調査会（1978）．
13) 大照　完：基礎電気計測，オーム社（1972）．
14) 小長井誠：半導体物性，培風館（1992）．
15) 工業技術院計量研究所・日本計量協会（訳編）：国際単位系，日本規格協会（1992）．
16) 日本規格協会（編）：計測用語，日本規格協会（1993）．
17) 文部科学省，電気学会：学術用語集（電気工学編 増訂2版），電気学会（1991）．
18) 岩﨑　俊：電磁波計測 — ネットワークアナライザとアンテナ —，コロナ社（2007）．

理解度の確認；解説

（1 章）

問 1.1 最初に分銅を用いてある程度の平衡（バランス）をとる．残った不平衡分の質量は，天秤の傾きにより測定する．

問 1.2

（1） 精密であるが，正確ではない例

1.234 55 V，1.234 57 V，1.234 52 V，1.234 58 V，1.234 59 V

（2） （1）よりは正確ではあるが，精密さに欠ける例

1.318 V，1.312 V，1.314 V，1.317 V，1.311 V

（3） 十分な精度を持つ例

1.315 5 V，1.315 7 V，1.315 8 V，1.315 9 V，1.315 4 V

問 1.3 式(1.9)から

$$\sigma = \sqrt{\int_{\epsilon 1}^{\varepsilon 2} \frac{1}{\varepsilon_2 - \varepsilon_1}\left(y - \frac{\varepsilon_2 + \varepsilon_1}{2}\right)^2 dy} = \frac{\varepsilon_2 - \varepsilon_1}{2\sqrt{3}}$$

（2 章）

問 2.1 式(2.3)から

$$\alpha = \frac{1}{F_e}\frac{q_1 q_2}{r^2}$$

であり，電荷の次元を Q と書けば

$$[\alpha] = \left[\frac{T^2}{ML}\right]\left[\frac{Q^2}{L^2}\right] = [M^{-1}L^{-3}T^2Q^2]$$

問 2.2 $F = \dfrac{C}{V} = \dfrac{A \cdot s}{W/A} = \mathrm{m}^{-2} \cdot \mathrm{kg}^{-1} \cdot \mathrm{s}^4 \cdot \mathrm{A}^2$

問 2.3 真空中に間隔 d で平行に置かれた無限長の 2 本の直線状導体に電流 I が流れているとき，長さ l に働く力 F は

$$F = \mu_0 \frac{lI^2}{2\pi d}$$

である．この式に，$d = 1\mathrm{m}$，$l = 1\mathrm{m}$，$F = 2 \times 10^{-7}$〔N〕を代入すれば

$$\mu_0 = 4\pi \times 10^{-7} \ \text{〔H/m〕}$$

となる．

問 2.4 真空中の光の速さ c_0 と真空の透磁率 μ_0，及びこれら二つの値から式(2.9)により一義的に決まる真空の誘電率 ε_0．これらの量は測定を行う必要がない．

問 2.5 今回（2019 年）の改定によって，プランク定数 h と電子 1 個の電荷の数値 e が決定されたので，ジョセフソン電圧標準の係数 $2e/h$ の値と量子ホール抵抗の係数 h/e^2 の二つの値は，ただちに誤差（不確かさ）なしで決まる．これらの値を用いたジョセフソン電圧標準と量子ホール抵抗標準から，オームの法則により，電圧，抵抗と同程度の不確かさで電流標準が構成される．

ただし，電流の単位の定義がプランク定数および電子1個の電荷の値を介して長さ，質量，時間の単位と相互依存性があるといっても，電流標準と長さ，質量，時間の各標準との整合性・信頼性が保証されるわけではない．今後研究・開発されるであろう新しい量子電気標準，電流天秤の改善，単位の新定義に沿った「量子質量標準」などの不確かさの向上が期待される．　(2019.5.21)

（3　章）

問3.1　駆動力と制御力だけでは，回転軸に取り付けられた指針が振動してしまうので，ブレーキをかけるため，摩擦などの制動力が必要である．制動力を付加するために，可動コイル形電流計では主として電磁制動が用いられる．

問3.2　図3.7の回路において，等価内部抵抗は

$$r_e = \frac{\alpha r\{R_A + (1-\alpha)r\}}{R_A + r}$$

問3.3

（1）　等価電圧源の起電力 $V_g = 5\,\mathrm{V}$，等価内部抵抗 $R_g = 1.5\,\mathrm{k\Omega}$

（2）　$15\,\Omega$ 以下であった．

（4　章）

問4.1　二本巻，エアトン-ペリー巻とも，磁束が打ち消し合う．二本巻のキャパシタンス分は大きくなる．エアトン-ペリー巻のキャパシタンス分は，二本巻よりも小さい．

問4.2　図4.6(a)の回路では，電流計の内部抵抗 R_A により電圧が実際よりも大きく測定される．図(b)の回路では，電圧計の内部抵抗 R_V により，電流が実際よりも大きく測定される．

問4.3　電圧計の内部抵抗が十分大きければ，リード線の抵抗があっても被測定抵抗の両端の電圧が測定できる．また，電流端子側のリード線の抵抗があっても，被測定抵抗を通る電流は電流計で測定できる．

問4.4　**解図4.4**に示す．

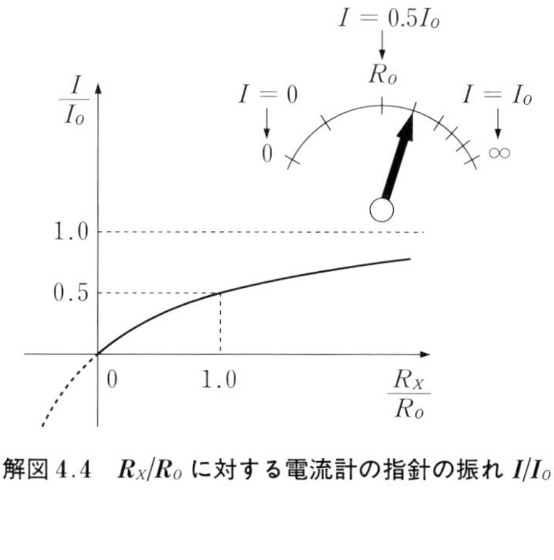

解図4.4　R_X/R_O に対する電流計の指針の振れ I/I_O

（5　章）

問5.1　抵抗 R とリアクタンス X が直列に接続された回路を流れる電流，両端の電圧，角度 φ の関係を考えてみよ．抵抗 R は正の値である．角度 φ は0°から90°までとなる．

問5.2　平均値は $2/3\,\mathrm{V}$ であるから，指示値は

$$\frac{2}{3} \times \frac{\pi}{2\sqrt{2}} = \frac{\sqrt{2}}{6}\pi$$

実効値を計算すると，$\sqrt{5}/3\ \mathrm{V}$ であり，相対誤差は

$$\left(\frac{\pi}{\sqrt{10}} - 1\right) < 0$$

となる．したがって，実際の値より小さくなる．

問 5.3　a 点までの動作は，5.2.1 項を参照せよ．ダイオード D_2 とコンデンサ C_2 により，電圧 $V_p + v(t)$ のピーク値 $2V_p$ が出力電圧となる．

問 5.4　磁界が移動することにより，アルミニウム円板に渦電流が流れる．この渦電流と磁界の電磁力により，円板が回転する．

（6　章）

問 6.1　$G = 1\ \mu\mathrm{S}$，$B = 0.63\ \mathrm{S}$，$D = \tan\delta = 1.6\times10^{-6}$

問 6.2　被測定素子を接続しない状態で，可変標準コンデンサの容量を調整し，回路を共振させる．このときのコンデンサの容量と Q をそれぞれ C_0，Q_0 とすれば

$$\omega_0 L = \frac{1}{\omega_0 C_0}, \qquad Q_0 = \frac{1}{r\omega_0 C_0}$$

となる．次に，インピーダンス $\dot{Z}_X = R_X + jX_X$ を持つ被測定素子をコイルと直列に接続し，同じ周波数で共振するように再びコンデンサの容量を調整する．このときのコンデンサの容量と Q をそれぞれ C_X，Q_X とすれば

$$\omega_0 L + X_X = \frac{1}{\omega_0 C_X}, \qquad Q_X = \frac{1}{(r + R_X)\omega_0 C_X}$$

となるから，被測定素子の抵抗とリアクタンスは以下のように求まる．

$$R_X = \frac{1}{\omega_0}\left(\frac{1}{C_X Q_X} - \frac{1}{C_0 Q_0}\right), \qquad X_X = \frac{1}{\omega_0 C_X} - \frac{1}{\omega_0 C_0}$$

問 6.3　開放状態のインピーダンス無限大からのずれ，短絡状態のインピーダンス 0 からのずれ，すなわち開放状態，短絡状態の不完全性が補正後にも残る誤差の原因となる．

（7　章）

問 7.1　水平軸に加えるのこぎり波が，垂直軸に加える観測信号と同期していなければならない．

問 7.2　単位時間当りのパルス数を数える直接計数方式と，1 周期の時間を測定するレシプロカル方式がある．それらの原理と比較は，7.2.1 項を参照せよ．

問 7.3　振幅 V_x は 3.0 V の半分 1.5 V である．例題 7.2 と同じく，位相差 φ は $b/a = 0.5$ であるから，$\pm30°$，$\pm150°$ のどれかである．図 7.11 の x_1 は正の値であるから，$\pm30°$ に絞られる．更に，式(7.7)，(7.8)で $t = 0$ とすると，$x = 0$，$y = \sin\varphi$ であるから，対応する点は図 7.13 の A 点あるいは B 点のどちらかである．$\varphi = \pm30°$ であることと，t が増加すると y が 0 に近づくことから，$t = 0$ は B 点であり，$\sin\varphi < 0$ である．したがって，$\varphi = -30°$ である．

（8　章）

問 8.1　解図 8.1 に示す．

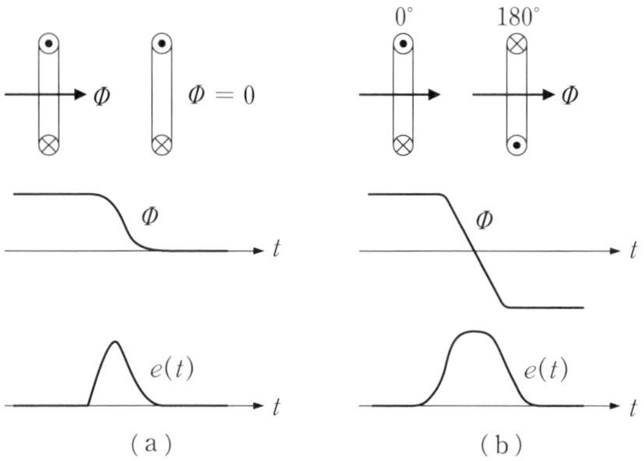

解図 8.1　探りコイルの回転による出力

問 8.2　8.1.4 項を参照せよ．

問 8.3　例えば，棒状の磁性材料が磁化されると，両端に磁極が現れ，外部から加えた磁界を変化させる．

（9　章）

問 9.1　**解図 9.1** に示す．

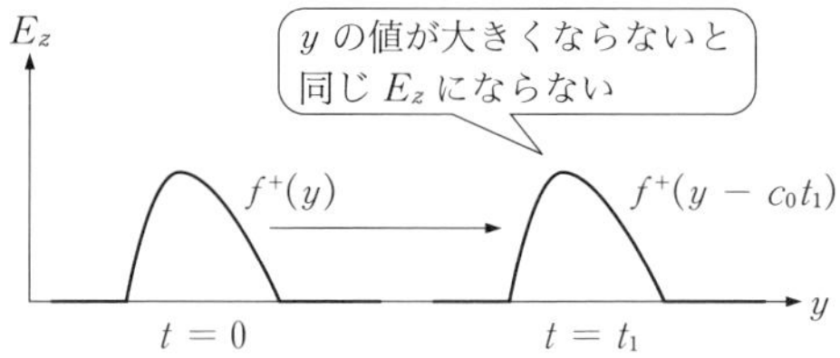

解図 9.1　電界波形の移動

問 9.2　9.2.1 項を参照せよ．開放電圧が測定できるダイポールアンテナは特殊な構造であり，また高い周波数では開放電圧の精度のよい測定が難しい．

問 9.3　例えば，微小なダイポールアンテナを用い，そのエレメントを測定したい電界成分と平行になるように置く．ただし，出力電圧が小さくなる．

（10　章）

問 10.1 熱変換法は直流置換によって，レーザパワーの絶対値が測定できるが，パワーの小さなレーザ光に対しては測定精度が悪くなる．光電変換法は感度がよいが，パワーの絶対値は熱変換法によって校正しなければならない．10.1 節参照．

問 10.2 ホトダイオードの等価回路における並列抵抗は，数百 kΩ～MΩ オーダと非常に高い．一方，演算増幅器の入力端子間はイマジナリーショートの条件が成立つから，式(10.1)の電流 I がすべて図 10.4 の抵抗 R に流れると考えてよい．したがって

$$P = \frac{hc_0}{e\lambda}\frac{V_o}{R}$$

問 10.3 回折格子を用いた分光器は広い波長範囲に適用できる．ファブリ-ペロー干渉計は，MHz オーダ以下の極めて周波数分解能が高いスペクトル観測が可能であるが，観測範囲は狭い．10.2 節参照．

索　　引

【あ】

アドミタンス……93
アナログオシロスコープ……111
アナログ指示計器……36
アナログ信号……4
アナログ電子電圧計……44
アナログ電子電圧・電流計……44
アナログ電子電流計……44
アンテナエレメント……141
アンテナ係数……143
アンペア……23

【い】

位　相……77
位相角……77
位相測定……103
一次標準……32
一貫性のある単位系……24
イマジナリーショート……44, 105
インダクタ……95
インダクタンス……94
インピーダンス……92
　——の位相……92
　——の位相角……92
　——の大きさ……92

【う】

ウィーンブリッジ……117
ウエストン標準電池……46
ウェーバ……95
渦電流……88
渦電流損……133

【え】

エアトン分流器……40
エアトン-ペリー巻……61
永久磁石……132
エプスタイン装置……134
演算増幅器……44
遠方界……139

【お】

オシロスコープ……111
オーム……60
　——の法則……58
オーム計……66
オルタネート方式……111
温度センサ……61

【か】

回折角……156
回折格子……156
開　放……106
開放/短絡/負荷補正……107
開放/短絡補正……107
回路計……39
回路モデル……94
カウンタ……46
可逆回路……146
角周波数……77
拡張不確かさ……15
確率密度関数……11
掛算器……103
過制動……38
仮想短絡……44
カットオフ波長……153
可動コイル……84
可動コイル形電流計……36
可動鉄片形計器……85
ガードリング……71
可変コンデンサ……97
可変抵抗器……62
可変標準コンデンサ……102
可変容量コンデンサ……97
可変容量ダイオード……97
カラーサブキャリヤ信号……120
間接測定……6
カンデラ……21
感　度……14

【き】

基準量……5
基本単位……18, 21
基本量……18
キャパシタ……94
キャパシタンス……94
球面波……140
強磁性体……95
協定値……29, 30
強誘電体……97
記録計……110
記録紙……110
キログラムの標準……27
金　黒……152
金属皮膜抵抗器……62
近傍界……139

【く】

空間インピーダンス……139
空気コンデンサ……97
空心コイル……96
偶然誤差……10
偶発誤差……10
屈折角……156
駆動力……36
組立単位……18, 21
グラフ記録計……110
グラフ用紙……110
クロックパルス……46, 103
クーロンの法則……19

【け】

計数回路……116
計数器……46
計　測……2
計測器……5
計測機器……31
計測系……4
計測システム……5
計測標準……8
計測方程式……6
系統誤差……10
結合回路……143
ゲーティング……104
ゲート回路……116
ゲートパルス……46
ケルビン……21
原　器……22
検光子……157
検出器……4
減衰器……143
減衰量……145
検流計……5

【こ】

コイル……94
光　子……154
校　正……31
合成誤差……13
光電効果……154

光電子増倍管 ……154
光電変換法 ……153
光導電効果 ……154
光導電セル ……153, 154
降伏電圧 ……47
交流四辺ブリッジ ……99
交流ジョセフソン効果 ……28
交流測定における負荷効果 …81
交流ブリッジ ……99
国際単位系 ……21
国際比較 ……31
国際メートル原器 ……22
誤　差 ……9
――の符号 ……9
誤差限界 ……14
誤差限界率 ……14
誤差伝搬の法則 ……13
誤差補正 ……106
誤差率 ……9
国家標準 ……31
固定コイル ……84
固有の名称を持つ単位 ……24
コンダクタンス ……60, 93
コンデンサ ……94

【さ】

再結合 ……154
最大値 ……77
探りコイル ……126
サセプタンス ……93
サーチコイル ……126
雑　音 ……4
差動増幅器 ……110
サーミスタ ……61
サーモパイル ……152
三アンテナ法 ……146
参照信号 ……103
三電圧計法 ……87
三電流計法 ……87

【し】

磁　化 ……95
磁　界 ……95, 124
――の強さ ……124
磁界強度 ……124
磁化曲線 ……132, 133
時間基準パルス発生器 ……116
磁気シールド ……85
磁気ノイズ ……126
磁気変調器 ……129
磁極に関するクーロンの法則 19
次　元 ……19
次元式 ……19
磁　心 ……95
システマティック誤差 ……10
磁性体 ……95
磁　束 ……95
磁束密度 ……95, 124
磁束密度-磁界特性 ……129
磁束量子 ……130
四端子構造 ……63
四端子法 ……69
実効値 ……76
実効長 ……142
実用標準 ……31
自動平衡記録計 ……110
自動平衡ブリッジ法 ……106
ジーメンス ……60, 93
縦続行列 ……106
集中定数回路 ……99
周波数安定化レーザ ……158
周波数カウンタ ……115
周波数チェーン ……158
出力抵抗 ……44
瞬時値 ……77
瞬時電力 ……78
焦電形センサ ……152
焦電効果 ……152
消費電力 ……53
ジョセフソン係数 ……29
ジョセフソン効果 ……28
ジョセフソン接合 ……28, 130
ジョセフソン電圧標準 ……29
シールド ……71
シールド構造 ……148
真　空
――の透磁率 ……20, 95
――の誘電率 ……20
真の値 ……9
振　幅 ……77

【す】

水晶旋光子 ……157
水晶発振器 ……116
垂直軸 ……111
水平軸 ……111
ステラジアン ……24
スペクトル ……155

【せ】

正確さ ……14
正規分布 ……11
制御力 ……37
正弦波の波形率 ……77
生体磁気 ……126
静電形計器 ……86
静電項 ……139
静電容量 ……94
精　度 ……14
制動力 ……37
正のピーク値 ……76
精密さ ……14
整　流 ……79
整流形計器 ……79
積形ブリッジ ……100
セシウム原子時計 ……26
絶対値の平均値 ……76
接頭語 ……21
ゼーベック効果 ……84
旋光角 ……156
旋光性 ……157
センサ ……4
選択増幅器 ……99
全波整流 ……79

【そ】

相互インダクタンス ……96
総合誤差 ……15
相対誤差 ……9
相対誤差限界 ……14
相対標準偏差 ……14
測　定 ……2
測定環境 ……4
測定器 ……5
測定値 ……4
――のかたより ……10
――のばらつき ……10
測定標準 ……8
測定方程式 ……6, 49
測定量 ……4
ソリッド抵抗器 ……62
損　失 ……95
損失係数 ……98

【た】

ダイオード ……79
対称回路 ……106
ダイポールアンテナ ……141
立上り時間 ……113
立下り時間 ……113
多レンジ電圧計 ……42
多レンジ電流計 ……39
単　位 ……8
――の組立て ……25
――のデシベル表示 ……144
単位系 ……18
炭素皮膜抵抗器 ……62
タンデルタ ……98
単発パルス ……113
短　絡 ……106

【ち】

置換誤差 ……83
地磁気 ……125
チタン酸バリウム ……97
中央抵抗値 ……67
超伝導コイル ……125
超伝導量子干渉素子 ……130
超微細準位 ……22
直接計数方式 ……115
直接測定 ……5
直読形抵抗計 ……66
直流置換 ……83
直流置換法 ……152
チョップ方式 ……111

【つ】

ツェナーダイオード ……47
ツェルニ-ターナー形分光器 ……156
つる巻きばね ……37

【て】

低域フィルタ ……38
定格値 ……38
抵　抗 ……58
抵抗率 ……58
ディジタルオシロスコープ　112
ディジタル交流電圧計 ……80
ディジタル交流電流計 ……80
ディジタル信号 ……4
ディジタル信号処理 ……4
ディジタル電子電圧計 ……46
ディジタル電子電圧・電流計　45
ディジタル電子電流計 ……46
ディジタル変換 ……45
ディジタルマルチメータ ……46
低抵抗計 ……69
テスタ ……39
テストフィクスチャ ……106
テスラ ……125
データ処理 ……4
鉄　損 ……133
デービーエム ……144
デービーマイクロ ……144
テブナン等価回路 ……48, 141
テブナンの定理 ……48
テブナン-鳳の定理 ……48
デュアルスロープ積分方式 A-D 変換 ……45
電圧源 ……48
電圧電流計法 ……64
電圧の標準器 ……46
電圧倍率 ……41
電位差計 ……53
電　荷 ……58
電　界 ……58, 96
電界強度標準 ……142
電解コンデンサ ……97
電荷に関するクーロンの法則　19
電気計器 ……36
電気抵抗 ……58
電磁オシログラフ ……111
電磁気量 ……4
電子-正孔対 ……153
電磁制動 ……37
電磁波 ……137
電　束 ……96
電束密度 ……96
電流計のステップ応答 ……38
電流源 ……48
電流-電圧変換 ……44
電流-電圧変換回路 ……45, 105
電流天秤 ……27
電流の標準 ……27
電流倍率 ……39
電流分布 ……142
電流力計形計器 ……84
電力量 ……79

【と】

等価回路 ……39
等価起電力 ……142
等価電圧源 ……49
等価内部インピーダンス ……81
等価内部抵抗 ……39
同　期 ……111
統計処理 ……10
同軸ケーブル ……143
銅　損 ……133
導　体 ……58
導電率 ……60
特性インピーダンス ……145
トーマス形標準抵抗器 ……63
トランジェントディジタイザ ……112
トランス ……96
トランスデューサ ……4
トリガ信号 ……111
トリマ ……62
トレーサビリティー ……32

【な】

内部インピーダンス ……81
南磁極 ……125

【に】

二次元電子ガス ……30
二次電子 ……154
二次電子放出 ……154
二重積分形 A-D 変換 ……45
二端子対回路 ……106
日本工業規格 ……8
二本巻 ……61
入力インピーダンス ……81
入力抵抗 ……44

【ね】

熱起電力 ……53, 83
熱電形交流電流計 ……83
熱電対 ……83, 84
熱変換法 ……152

【の】

ノイズ ……4
のこぎり波電圧 ……111

【は】

倍率器 ……41
波形誤差 ……80
波形ディジタイザ ……112
波形パラメータ ……113
波形率 ……77
波高値 ……76
波　数 ……138
波　長 ……156
白金測温抵抗体 ……61
発光ダイオード ……155
パッド ……143
波動インピーダンス …137, 146
波動方程式 ……137
パーマロイ ……95
波　面 ……138
バラン ……143
バール ……78
パルス幅 ……113
半固定可変抵抗器 ……62
半導体レーザ ……153
半波整流 ……79
半波長共振ダイポールアンテナ ……142
半波長ダイポールアンテナ　142

【ひ】

ビオ・サバールの法則 ……19
光起電力効果 ……153
光スペクトラムアナライザ　157
光センサ ……153
光の速さ ……20, 22
ピーク値 ……76
ピーク値応答形電子電圧計 …82
ピークピーク値 ……76

微小ダイポール源 ……………138
微小ループアンテナ ……………147
微小ループ源 ……………146
ヒステリシス損 ……………133
ヒステリシス特性 ……………132
皮相電力 ……………78
被測定量 ……………4
比透磁率 ……………95
皮膜抵抗器 ……………62
比誘電率 ……………96
秒 ……………22
標　準 ……………8
標準アンテナ法 ……………142
標準器 ……………8
標準抵抗器 ……………8, 31, 62
標準電圧発生器 ……………47
標準電池 ……………8, 31
標準電波 ……………120
標準偏差 ……………11
標準偏差率 ……………14
秒の標準 ……………26
表皮効果 ……………83
標　本 ……………11
標本標準偏差 ……………11
標本平均 ……………11
表面抵抗 ……………60
比例辺 ……………6, 100
比例辺ブリッジ ……………100

【ふ】

ファブリ-ペロー干渉計 ……157
ファラデーの電磁誘導の法則 ……………126
ファラド ……………96
ファンデアパウ法 ……………72
フィードバック機構 ……………7
フェーザ表示 ……86, 92, 137
フェライト ……………95
負荷効果 ……………51
不足制動 ……………37
不確かさ ……………15
物理量 ……………18
負のピーク値 ……………76
部分誤差 ……………13
不平衡回路 ……………143
浮遊容量 ……………106, 117
ブラウン管 ……………111
フラックスゲート形磁束計 130
プリズム分光器 ……………156
ブロックゲージ ……………31
プローブ ……………82, 114
分解能 ……………14
分光器 ……………156
分　散 ……………11, 156
分布定数回路 ……………99
分流器 ……………38

【へ】

平均値 ……………4, 76
平均電力 ……………78
平衡回路 ……………143
平衡条件 ……………100
平衡調整 ……………7
平衡・不平衡変換器 ……143
平面角 ……………24
平面波 ……………138
ベクトル電圧計 ……………103
ベクトル電流計 ……………103
ヘテロダイン検波 ……………158
ペルチエ効果 ……………84
偏位法 ……………7
変成器 ……………96
変成器ブリッジ ……………99, 101
ペンレコーダ ……………111

【ほ】

ホイートストンブリッジ ……5
方形パルス ……………113
放射項 ……………139
北磁極 ……………125
保護環 ……………71
母集団 ……………11
補償法 ……………7
補助単位 ……………21
補　正 ……………4
ホトダイオード ……………153
ホトマル ……………154
母標準偏差 ……………11
母平均 ……………11
ホール起電力 ……………30, 127
ホール係数 ……………128
ホール効果 ……………127
ホール素子 ……………128
ボルトアンペア ……………78

【ま】

マイクロ波空洞共振器 ……26
巻線形標準抵抗器 ……………63
巻線抵抗器 ……………61
マクスウェルの方程式 ……136
マクスウェルブリッジ ……100

【む】

無効電力 ……………78

【め】

メートルの標準 ……………27
面抵抗 ……………60
——の測定法 ……………72

【も】

モ　ル ……………21
漏れ電流 ……………71

【ゆ】

有効電力 ……………78
誘電正接 ……………98
誘電損 ……………97
誘電体 ……………96
誘導形電力量計 ……………88
誘導器 ……………95
誘導項 ……………139
誘導性リアクタンス ……………96
誘導単位 ……………18

【よ】

容量性リアクタンス ……………97
四探針法 ……………72

【ら】

ラジアン ……………24
ランダム誤差 ……………10

【り】

リアクタンス ……………93
リアクタンス素子 ……………98
力　率 ……………78
リサジューの図形 ……………118
立体角 ……………24
量子効率 ……………154
量子電気標準 ……………28
量子標準 ……………30
量子ホール効果 ……………29
量子ホール抵抗標準 ……………30
両波整流 ……………79
臨界制動 ……………38

【れ】

零位法 ……………7
レーザ ……………152
レーザカロリメータ ……………152
レーザ光 ……………152
レーザパワー ……………152
レーザパワーメータ ……………153
レシプロカル方式 ……………115

【ろ】

ローレンツ力 ……………127

【わ】

ワット ……………78

【A】

AC bridge ……99
A-D 変換 ……45

【B】

B-H 曲線 ……132
B-H 特性 ……129

【C】

CGS 単位系 ……20
CRT ……111

【D】

dcSQUID ……130

【J】

JIS ……8

【L】

LCR メータ ……105

【M】

MKSA 非有理単位系 ……20
MKSA 有理単位系 ……20

【P】

pin ホトダイオード ……153
P 形電子電圧計 ……82

【Q】

Q ……98
Q メータ ……101

【R】

rfSQUID ……131

【S】

Si-MOS FET ……30
SI 単位 ……21
SMD ……106
SQUID ……130

【X】

X-Y 記録計 ……111
X-Y レコーダ ……111

——著者略歴——

岩﨑　俊（いわさき　たかし）

1975年　北海道大学大学院博士課程修了（電子工学専攻）
　　　　工学博士（北海道大学）

2008年　電気通信大学名誉教授

電磁気計測

Electric and Magnetic Metrology

2002年 8 月30日　初版第 1 刷発行
2022年12月10日　初版第24刷発行

検印省略

編　　者　一般社団法人
　　　　　電子情報通信学会
　　　　　https://www.ieice.org/
著　　者　岩　﨑　　俊
発 行 者　株式会社　コロナ社
　　　　　代表者　牛来真也
印 刷 所　壮光舎印刷株式会社
製 本 所　株式会社　グリーン

112-0011　東京都文京区千石4-46-10
発行所　株式会社　**コロナ社**
CORONA PUBLISHING CO., LTD.
Tokyo Japan
振替00140-8-14844・電話(03)3941-3131(代)
ホームページ　https://www.coronasha.co.jp

ISBN 978-4-339-01828-8　C3355　Printed in Japan